特色果品提质增效技术丛书

图解红颜草莓
精品高效栽培

祝宁 宗静 陈怀勐 孙健 主编

中国农业出版社

北 京

图书在版编目（CIP）数据

图解红颜草莓精品高效栽培／祝宁等主编．-- 北京：中国农业出版社，2024.3.--（特色果品提质增效技术丛书）．-- ISBN 978-7-109-32324-7

Ⅰ．S668.4-64

中国国家版本馆 CIP 数据核字第 2024GR1186 号

图解红颜草莓精品高效栽培

TUJIE HONGYAN CAOMEI JINGPIN GAOXIAO ZAIPEI

中国农业出版社出版

地址：北京市朝阳区麦子店街 18 号楼

邮编：100125

责任编辑：谢志新　郭晨茜

版式设计：王　晨　　责任校对：吴丽婷

印刷：北京缤索印刷有限公司

版次：2024 年 3 月第 1 版

印次：2024 年 3 月北京第 1 次印刷

发行：新华书店北京发行所

开本：880mm×1230mm　1/32

印张：5.5

字数：192 千字

定价：48.00 元

图解红颜草莓精品高效栽培

主 编	祝 宁	宗 静	陈怀勐	孙 健
副主编	齐长红	刘雪莹	马 欣	韩立红
	周 宇	雷伟伟		

编写人员 （以姓氏笔画为序）

于 畅	于静湜	马 欣	王 祎
王 赫	王桂霞	牛 丽	朱雪娇
刘 民	刘 松	刘雪莹	齐长红
闫 哲	孙 健	李 楠	李日俭
李双桃	李利锋	李晨雨	吴晓云
何秉青	谷星宇	张 宁	张 旭
张钧懿	陈永利	陈怀勐	陈明远
武 雷	范亚丽	尚巧霞	金生东
周 宇	宗 静	赵小平	钟传飞
祝 宁	晁慧娟	徐 晨	龚敏妍
常琳琳	麻宏蕊	康 勇	隗永青
韩立红	程建军	雷伟伟	蔡连卫

前　言

　　在多姿多彩的水果世界中，鲜食草莓凭借其鲜艳的色泽、浓郁的香气、甜脆的口感和较高的营养价值，受到消费者喜爱。草莓促成栽培中，果实成熟期涵盖元旦、春节等众多节日。草莓作为消费者冬春季节休闲采摘的主要作物，更是为种植者带来了较高的经济收益，因此在全世界范围内广泛种植和销售。

　　在众多草莓品种中，影响力最大、栽培面积最广的当数红颜品种。红颜品种源自日本，1994年以章姬和幸香作为父母本杂交而成，2002年注册成功为红颜。该品种植株长势较强，叶片大，呈浓绿色。果皮和髓心均为鲜红色，就像红红的脸颊一样；果实光泽度好；大果，但很少出现空洞果；口感好，味道浓厚，酸度适中，更适合亚洲人口味，让人回味无穷，因此得名红颜。

　　本书从草莓栽培的国内外现状入手，紧扣红颜品种生物学特性进行介绍，以图文并茂的形式，通过对育苗技术、不同栽培模式、主要和创新栽培管理技术、主要病虫害及综合防治技术以及极端天气应急管理技术等方面的重点进行详细介绍，旨在为种植户和管理者提供红颜品种精品高效栽培的经验和技术，提升种植户经济效益，满足消费者对精品红颜草莓的需求。

　　本书在编写过程中总结了编者多年的管理经验，同时也参考引用了国内外大量的参考文献和研究成果，在此表示真诚的感谢。

　　本书内容更多参考北京当地的草莓生产操作技术，可能会有局限性，如有不妥内容，恳请读者批评指正。

编　者

2024年3月

目　录

第7章 PART 7
极端天气应急管理技术

3

第 1 章 PART 1

概　　述

一、 世界草莓发展现状

世界草莓栽培面积、产量、单产持续增长，据联合国粮食及农业组织（FAO）统计，2018 年世界草莓栽培面积为 37.24 万公顷，比 2010 年增加 7.44 万公顷，增长率 24.97%，平均年增长 0.93 万公顷。2018 年产量 833.71 万吨，比 2010 年（615.45 万吨）增长 35.46%，2018 年单产 22.39 吨/公顷，比 2010 年（20.65 吨/公顷）增长 8.43%。

草莓产业分布广泛，全球五大洲均有生产。据 FAO 2018 年统计，栽培面积最大的为欧洲（16.4 万公顷），占全世界总栽培面积的 43.90%；其次是亚洲，14.63 万公顷，占 39.16%；美洲 4.61 万公顷，占 12.34%；非洲 1.34 万公顷，占 3.59%；大洋洲最小，0.3 万公顷，占 0.80%。单产最高的洲为美洲，47.31 吨/公顷；其次是非洲，39.11 吨/公顷；亚洲 26.59 吨/公顷；大洋洲 20.60 吨/公顷；欧洲最低，10.27 吨/公顷。产量最高的洲为亚洲，388.91 万吨，占世界总产量的 46.65%；其次是美洲，218.00 万吨，占 26.15%；欧洲 168.02 万吨，占 20.15%；非洲 52.57 万吨，占 6.31%；大洋洲最低，21 万吨，占 2.52%。

世界草莓栽培品种随着品种改良的进步而不断更新，美国品种卡姆罗莎 2003 年已占世界草莓栽培面积的 60% 以上，不仅在美国，而且在西班牙、土耳其、埃及、澳大利亚等国均有栽培。日本优质鲜食品种发展迅速，具有早熟、优质、果大等特性，如日本培育的优良品种栃乙女、章姬、幸香在生产上得到大力推广。目前各国正在进行种子繁育型品种选育工作。

二、 世界草莓发展趋势

1. 种植智能化、机械化

草莓生产属于劳动密集型工作，耗费大量的人力。近年来，随着人工智能、大数据、云计算及机器人技术在草莓生产中的应用，草莓生产逐步趋于智能化和机械化。未来人工智能、大数据、云计算等领域的更多技术手段将用于草莓生产，例如德国、日本研发的草莓果实色选采摘系统、草莓种苗高温喷雾杀菌系统等，极大地降低了劳动力成本、减少了农药的使用。日本最新研发的利用蒸热喷雾防治草莓病虫害技术，在处理箱内，当湿度达到 100% 时，在 50℃ 下处理钵栽草莓苗 10 分钟（但整个过程需要 1 小时左右），可有效防除白粉病、蚜虫、二斑叶螨等。

2. 果品绿色化、有机化

人们生活水平的不断提高，对食品品质和安全性的要求也越来越高。草莓作为一种不耐运输、不耐清洗的水果，在鲜食、加工的过程中都要保证安全、无污染，世界各国相继出台有机食品生产和检测标准，未来生产将逐步趋向绿色化和有机化。例如，2020 年 2—7 月在美国纽约超市销售的有机草莓（7.99 美元/磅*）比普通草莓（4.99 美元/磅）价格高出将近一倍，但有机草莓仍然供不应求。

3. 生产标准化、精细化

对于部分发展中国家来说，优质的草莓种苗和优良的草莓品种是产量和品质的关键，未来的一段时间内仍需大力推广标准化种植技术，结合地理及气候条件，区划草莓产地，建立草莓生产标准化制度。延长草莓产业链，开发草莓精深加工的功能性产品，如开发富含维生素 C、鞣花酸、多酚类等营养物质的产品，也是今后草莓产业发展的一个重要方向。

三、 我国草莓发展现状

中国草莓产业发展迅速，2018 年草莓产量（295.55 万吨）位居世界第一，占世界产量的 35.45%，比第二名美国产量（129.63 万吨）高出128.0%，我国草莓栽培面积同样位居第一。

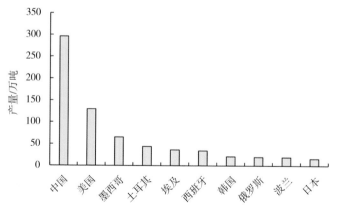

世界前 10 位草莓主产国年产量（2018 年）
(https://www.sohu.com/a/457042420_120156192)

---

* 磅为非法定计量单位，1 磅＝0.453 592 37 千克。——编者注

国家统计局数据显示：2011—2020 年，我国草莓种植面积及产量整体均呈上升走势，种植面积由 78 100 公顷增加至 131 600 公顷，产量由 200.9 万吨增加至 344.9 万吨，到 2021 年草莓产量已经达到 368.25 万吨。从单位面积来看，2021 年我国草莓单位面积产量达到 26.31 吨/公顷。

我国生产的草莓主要通过国内鲜销和冷冻出口两种途径销售。生产中保护地草莓绝大多数销至产地城镇和周边城市鲜食。草莓上市期正值水果淡季，加上近年草莓品质明显提高，个大形美、香甜可口、色泽艳丽、富有光泽，备受消费者喜爱，价格高、销量大。大部分露地草莓、少量保护地后期的小果草莓用于冷冻出口及加工成其他产品。2021 年我国草莓及草莓制品出口量 6.07 万吨，约占国内草莓总产量的 1.8%，出口总额 8.6 亿元，主要出口日本、韩国、泰国等国家。草莓出口以冷冻为主，占比 78.34%，鲜食仅占 4.90%。由于国内市场需求旺盛，我国草莓出口量总体呈下降趋势。2017—2021 年，我国草莓及其制品出口量减少了 35.89%，占国内草莓总产量的比例从 3.3% 降到 1.8%。根据农业农村部信息中心统计，我国草莓批发价格在 10～40 元/千克，零售价格在 15～60 元/千克，高于草莓出口均价。随着对外开放不断深化，我国与越来越多的国家签署自贸协定以及中贸贸易协定等，草莓进口量预计会出现显著增长，冷冻草莓和高档鲜食草莓将是我国草莓进口的主要产品。

草莓制品

我国草莓种植区域广泛，从黑龙江到海南省，从江浙沿海到新疆内陆都有栽培。其中东部地区种植面积占比约 43.4%，中部地区种植面积占比约 26.4%，西部地区占比约 19.4%，东北地区占比约 10.8%。种植面积相对较大的省份为浙江、安徽、江苏、山东、辽宁、河北等地。主产区有辽宁丹东、河北满城、山东烟台、四川双流、江苏句容、浙江建德等，它们已成为北京、上海、天津等大都市草莓鲜果的主要供应地。产量主要集中在山东（54.85 万吨）、江苏（52.38 万吨）、辽宁（39.83 万吨）、河北（28.16 万吨）、安徽（22.70 万吨）、河南（22.68 万吨）、浙江（14.01 万吨）和四川（12.9 万吨）。在一线城市的郊区，也有很多观光采摘示范园区，如北京的昌平，上海的青浦和奉贤等地。

中国草莓品种选育工作开始较晚，在许多方面还落后于发达国家，主栽品种仍为国外品种，其中占据第一位的品种是红颜，几乎占我国草莓种植面积的 1/4，在我国山东等北方产区以保护地栽培为主；第二大品种是甜查里，在我国广东、广西等南方产区以露地栽培为主。随着我国育种技术的发展，目前国产草莓品种在国内草莓生产上也占有一定比例，像宁玉、白雪公主、晶瑶、京藏香、晶玉等品种也在我国种植品种的前十之列（2018—2019 年全国面积）。

我国野生草莓种质资源极其丰富。据统计，世界草莓属共有 24 个种，其中有 13 个种分布在我国，在世界中占比高于 1/2。目前我国拥有两个国家级草莓种质资源圃，分别在北京市农林科学院林业果树研究所和江苏省农业科学院园艺研究所，共收集保存野生草莓、地方品种、引进品种、国内各研究所新育成的品种（系）等种质资源 1 000 余份。

四、 我国草莓产业存在的问题

我国虽然是草莓大国，但并不是草莓强国。在草莓品种选育、无毒育苗、病虫害综合防治、栽培管理技术和产后加工等方面与美国、日本等国家相比仍有很大差距，因此，要以实现草莓生产品种国产化、育苗生产无毒化、果品生产安全化、产品销售品牌化为目标，实现中国草莓产业的全面升级。

1. 自主创新品种少，主栽品种以国外引进为主

我国草莓品种的选育工作已取得很大进展，但与日本、美国、波兰、法国、意大利等育种大国相比仍有不小差距，国产草莓品种实际推广面积并不大。生产者还是习惯种植老品种或国外品种，这可能与育出品种未能与市场需求相适应有关，也与新品种的配套栽培技术研究缺乏及宣传力度不够有关。主要原因有两方面：一是育种主体不够广泛，我国主要是科研单位从事育种工作，而国外尤其是日本、波兰、美国和法国等，私人育种家选育出的品种占育成品种的一半以上；二是育种方法和手段需进一步改

进，在加强传统育种方法如引种、杂交育种应用的基础上，应加大诱变育种、现代生物技术育种应用的力度，加快品种的选育进程。这就需要育种工作者不断学习和引进国外先进的生物技术，以促进我国草莓育种事业的发展。

2. 种苗品质较差，脱毒种苗使用率低

我国育苗技术水平不高，种苗质量与高产标准尚有一定差距。国内草莓栽培仍以传统自繁自育模式为主，种苗连年种植而未经脱毒处理或脱毒操作不彻底，导致种苗质量差，抗病性弱，果实易畸形。受脱毒种苗生产成本和购买成本较高，农民繁育风险较大且多数农户使用脱毒种苗的意识不强等因素影响，脱毒种苗整体应用率仍较低。

3. 生产水平参差不齐，技术推广亟待加强

我国草莓种植仍然以较为分散的小农户为主，田间管理技术主要依靠传统种植经验，专业的技术服务较少，缺少草莓生产技术指标体系，因此很难进行标准化生产管理。农户管理水平参差不齐，生产的随意性较强，优质安全栽培理念尚未形成，对新技术、新方法接受慢，导致草莓产量和质量都不稳定，不能达到优质果品的要求，限制了草莓产业的发展和经济效益的提升。

在草莓实际生产中，应着力推广新优栽培技术，普及科技管理知识，组建技术服务团队或聘请专业技术人员进行田间生产技术指导，逐步提升农户的生产管理水平，提高产量，改善品质。

第2章　PART 2
生物学特性

一、 草莓生物学特征

完整的草莓植株由五部分组成，分别为根、茎、叶、花和果实。

1. 根系

草莓的根系由新茎和根状茎上生长的不定根组成，包括初生根、次生根和根毛，属于须根系，没有主根。初生根的主要作用是产生次生根和固定植株，也是根系更新的重要部分。初生根中心的中柱可运输养分，健康中柱为白色或乳白色，坏死后变色。草莓定植后长出初生根证明成功缓苗。初生根上长出次生根，以浅黄色或土黄色为主。次生根上产生根毛。次生根和根毛没有中柱。它们可以从土壤中吸收水分和养分，然后转运到初生根。

草莓植株   草莓根系

草莓根系主要分布于20厘米以内的土层中，属于浅根系，因此容易受到外界环境以及水肥的影响。一般在地温稳定在1～2℃时，根系便开始缓慢生长，新根少量发生。当地温稳定在13～15℃时，根系出现第一次生长高峰，随着地上部的开花结果，植株的养分供应向花果集中，供应根系的养分相对减少，生长逐渐变得缓慢。有些新根从尖部开始逐渐枯黄变黑，甚至死亡。果实采收后，养分逐渐由地上转向根部，根系生长速度加快,出现第二次生长高峰。当温度上升到35℃时,根系生长以新根发生为主。9月中下旬到越冬前,随着叶片养分回流积累及土温降低,根系生长出现第三次高峰。第三次高峰是全年发根量最多的时期,持续时间也较长,且有一部分根以白色的初生状态越冬,此类白色越冬根是来年早春新根继续加长生长的基础。在7~8月地温过高的地区,根系在4~6月和9~10月出现2次生长高峰。

根系生长最适宜的温度为15~20℃,温度降至7~8℃生长减弱,冬季土壤温度下降到-8℃时根系就会受到伤害,-12℃时会被冻死。因此,冬季最低气温在-12℃以下的地区,应采取保暖措施,保证草莓安全越冬。

> **温馨提示**
>
> 根系的生长状况可以通过地上部的状态来判断。晴朗的早晨叶缘无吐水现象,说明植株白色新根量少或者没有新根。地上部分生长良好,早晨叶缘具有水珠的植株,说明白色吸收根或浅黄色根较多,根系生活力强,活动旺盛。据观察,红颜草莓叶片的吐水现象比章姬常见,毛细根量多,水分吸收量大,因此需要灌水充足。

草莓既不抗旱也不耐涝。不同物候期对水分的需求量不同,果实发育期需水量最多,此时应特别注意保持土壤湿润和良好的通气状态。土壤干旱缺水时,根系发育受阻,老化加快,严重时干枯死亡。土壤过湿时,通气不良,根系呼吸作用和其他生理活动受到抑制,根系功能衰退。如在盛夏大雨后,土壤高温高湿,极易发生根系腐烂。

草莓根系在
土壤中的分布

2. 茎

草莓的茎有新茎、根状茎和匍匐茎三种,前两种生长在地下,也统称为地下茎。

(1) 新茎 新茎是当年萌发的短缩茎,呈弓背形,是草莓长叶、根、侧枝,形成花序的重要器官。定植时可以根据新茎方向确定定植方向。新茎着生于不定根上,一般可形成新茎分枝3~9个,株龄大的植株可达20个以上。新茎下部可产生不定根,上部密集轮生具有长叶柄的叶片。新茎的顶芽到秋季可形成混合花芽，形成弓背的第一花序，花序均发生在弓背方向。新茎上叶腋部位着生腋芽，腋芽具有早熟性，当年就可萌发形成匍匐茎或新茎。日照时间14小时以上、温度15℃的条件适合腋芽发育为匍匐茎。

（2）根状茎 根状茎是多年生的短缩茎。草莓新茎经过一年的生长，叶片全部枯死脱落，形成外形似根的短缩茎，这类茎被称为根状茎。根状茎具有节和年轮，具有储藏养分的功能。根状茎与新茎结构不同，木质化程度高，呈现褐色或黑色，而新茎内层维管束状结构发达，生长力强。两年生的根状茎常在新茎基部产生大量不定根，第三年逐渐老化。因此根状茎越老，运输、储藏和吸收营养的能力就越弱，地上部的长势就越差。

（3）匍匐茎 匍匐茎是由新茎腋芽发育成的一种匍匐于地面生长的特殊地上茎，又称走茎或蔓。匍匐茎是草莓繁殖的器官。匍匐茎在第三片叶显露之前开始形成不定根并扎入土壤，最终发育成新的草莓苗，一条匍匐茎可繁殖3～5株新苗。一般一株红颜草莓种苗可以繁育30～50株子苗。在鲜果生产中要定期清理棚内的匍匐茎，减少养分的消耗。

草莓匍匐茎

3. 叶

草莓的叶发生于新茎上，呈螺旋状排列。叶序为2/5，即第一片叶和第六片叶在伸展方向上重合。3片小叶组成复叶，边缘呈不规则锯齿状。叶柄长度一般为10～30厘米，叶柄上着生很多茸毛。每7天左右会产生片新叶，新叶展开后约 30 天达到最大叶面积，40～60 天时光合能力最强。新叶不断发生，老叶不断衰老，在植株上第四～六片新叶同化能力最强。一般叶片在 3～6 个月后衰老。衰老的叶片叶柄弯曲，平生或斜生，其同化作用变弱，不仅要消耗母体营养，而且不利于花芽分化。因此在栽培管理中要及时去除衰老、枯萎的叶片。

草莓叶片

温馨提示

　　草莓的叶片是判断其生长状况的重要部分，根据叶片的变化可以对草莓进行针对性的管理。植株营养失衡，在叶片上很快就会表现出不同的症状，如植株缺锌叶片会变小，缺铁叶片会出现黄化等。

　　4. 花

　　一般来说，草莓花序由新茎的顶端分生组织分化而来，为聚伞花序，直立生长，高于或平于叶面。多数草莓的花是雌雄同花，由花柄、花托、雌蕊、雄蕊、花瓣、萼片和副萼片组成。一般主、副萼片各 5 枚；花瓣 5 枚，白色，椭圆形。花托位于花的中心，膨胀成圆顶状。其上着生萼片、花瓣、雄蕊

草莓花朵

和雌蕊。雄蕊数目不定，通常有 30～40 枚，花药为纵裂；雌蕊离生，200～400 枚，由子房、花柱和柱头三部分组成，螺旋状整齐排列在花托上。一般花越小，雌蕊数目越少，花越大，雌蕊数目越多。花药中有大量花粉，花药开裂时间从上午 9 时至下午 5 时，以上午为主，11～12 时达高峰。花药在低于 12℃ 的温度下一般不开裂，雨天妨碍花药开裂。

温馨提示

　　塑料大棚或日光温室等保护地栽培，若相对湿度太高，花药不能开裂，花粉粒易吸水膨胀破裂，致使不能授粉受精，畸形果数量增加。

花粉发芽的适宜温度为 25～30℃，适宜相对湿度为 40% 左右。温度超过 35℃ 或低于 20℃ 时，发芽率只有 50%。正常情况下花粉的寿命为3～4天，开花当天至开花后 2 天内花粉发芽力最强，而雌蕊在开花后 4 天内受精能力最高，雌蕊的寿命可达 10 天以上。花期遇 0℃ 以下低温或霜害，可使柱头变黑，丧失受精能力。开花期和结果期最低忍耐温度为 5℃，花粉受精适宜温度 25～27℃，适宜湿度 50%～60%。

花序抽生

5. 果实

草莓果实是由肉质花托膨大而成，植物学上称为假果。草莓果实柔软多汁，在栽培学上又称为浆果。果实纵剖面的中心部位为花托的髓部，髓部因品种不同有实心或有大小不同的空心，其外部为花托的皮层，种子嵌埋在皮层中，通过维管束与髓部相连。种子实际上是受精后的子房膨大形成的瘦果。成熟种子呈红色或黄色，粒小，种皮坚硬不开裂，内有 1 枚种子。不同品种的种子嵌入果面的深度不一，有平于果面、凸出果面和凹入果面 3 种。种子是草莓的有性繁殖材料，杂交育种需要用种子进行繁殖，育苗生产则不用种子繁殖。

草莓果实

草莓果实的形状因品种而异。常见的形状有扁圆形、圆形、圆锥形(包括短圆锥形、长圆锥形)、楔形（包括短楔形、长楔形）、椭圆形等。大小因品种、发育时期和栽培管理条件不同而有很大差异。即便是同一花序，不同级序的果实形状变化也很大。一般栽培品种的平均单果重在 20 克左右，也有 60 克以上的。同一花序随着果实级次的增高，结出的果实变小，一般四级序果就失去了商品价值。果实的生长曲线呈典型的 S 形，其体积的增大，决定于细胞数目、细胞体积和细胞间隙。开花后的 15 天，果实生长发育缓慢；开花后 15～25 天，迅速膨大，平均每天可增加 2 克左右；最后 7 天，生长发育又趋缓慢。管理水平高、植株生长健壮且留果量少的果实大；管理水平低、植株生长弱且留果量多的果实小。

草莓果实的颜色大部分为红色，也有白色、粉色和黑色等。草莓的风味主要取决于果实中糖度与酸度的比例，亚洲人喜食糖度高、酸度低的品种，普遍认为糖酸比在 11～14 最佳。

不同颜色的草莓

草莓果实剖面

二、 红颜品种选育历史

1994 年 3 月，日本静冈县原农业试验场以章姬为母本、幸香为父本杂交获得杂种后代，同年播种，9 月定植。依据植株长势、果个、果形、硬度、口感、色泽等进行初选，1995 年获得 11 个优株，扩繁为优系，进入复选，1996 年 4 月获得优系 94-9-2。94-9-2 在产量、口感、果实硬度及果形大小方面表现优良。

1996 年在静冈县农业试验场本部、东部园艺分场及海岸沙地分场对 94-9-2 进行了特性鉴定和区域适应性试验，结果显示 94-9-2 的产量高于章姬，口感良好，果实硬度适中，果实髓心呈红色，因此 1997 年被命名为静冈 11 号。

1997 年，除了在静冈县农业试验场内继续进行特性鉴定外，还在藤枝市、滨松市、袋井市等地开展了区试。试验结果显示静冈 11 号还存在诸多问题，如比章姬晚熟，一级序果的表面易形成纵沟，果个差异较大，果皮颜色过深等。但静冈 11 号易于栽培，产量高于章姬，果形大，果实硬度好，酸度适中，口感好，因此，被认定为具有品种价值。

1998 年重复了上一年的静冈 11 号场内试验和区域试验。区试结果显示，初次采收时间较晚，总产量低于章姬，存在花萼枯萎及叶缘枯焦现象，果实形状近似女峰的长圆锥形，与章姬相比，难以包装等。但静冈 11 号易于栽培、果实硬度好、味道浓醇、果肉鲜红等优势决定了它今后的普及。

1999 年 3 月，静冈 11 号以红颜的名称申请品种注册，2002 年 7 月注册成功。红颜的果皮鲜红色，髓心同样呈现鲜红色，就像红红的脸颊一样，因此得名红颜，味道浓厚，让人回味无穷。

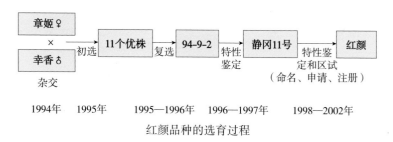

红颜品种的选育过程

三、红颜草莓生长特性

1. 植株生长

红颜植株直立，长势较强，匍匐茎抽生多，属易繁殖的品种。叶片大，呈浓绿色，匍匐茎易变红。平均每株抽生 1.5 个腋芽，略多于章姬。

和章姬相比，根量较大，细根较多。

红颜与父本、母本植株比较见下表。

红颜与父本、母本植株比较

形态	红颜	章姬	幸香
植株姿态	直立	直立	略直立
植株长势	强	强	强
植株高度	高	高	中
叶片大小	大	大	中
分蘖多少	中	中	中
匍匐茎数量	多	多	多

2. 花芽分化及开花特性

红颜顶花序的花芽分化比章姬晚 3～4 天；平均开花日期为 11 月 4 日，比章姬晚 2 天；初次采收日期是 12 月 7 日，比章姬晚 7 天。由此可见，红颜虽然属于早熟品种，但成熟期晚于章姬。红颜与幸香同属少花类型的品种，因此，疏花时花费的劳动力成本较少。红颜腋花序连续开花性好，即使不疏花，也很少出现由此导致的开花延迟现象。与章姬等多花的品种不同，红颜本身具有大果性，连续出蕾性较强，因此疏花对促进果实肥大和花序出蕾的影响很小。所以红颜疏花只疏除小花即可。

相比章姬，红颜更需要多注意授粉管理。章姬果实重量与全部种子数量之间有很大的关系，而红颜果实重量与饱满种子数量之间的关系更大。这意味着章姬饱满的种子可影响周围不稔种子部分的肥大，而红颜饱满种子对不稔种子的肥大毫无作用，因此，红颜更需要注意授粉管理。

3. 果实特性

红颜果皮鲜红色，与幸香类似，果肉鲜红，髓心部分淡红色；果形为长圆锥形，比章姬短，比女峰略长，产生的畸形果一般表现为果实表面凹凸不平，一级序果易出现纵沟。果实光泽度好，大果，但很少出现空洞病。红颜果实大于幸香和章姬，但果个均一性差，大果与小果的差异大。

红颜成熟果实香味佳，一般认为是来源于父本幸香。红颜果实口感好，酸度适中，在整个采收时期糖度基本保持稳定，只在初春略有下降。和父本、母本相比，红颜糖度高于幸香，酸度大大高于章姬。在果实硬度方面，红颜比幸香软，比章姬硬，与女峰硬度相似。

红颜果实

红颜果实剖面

红颜与父本、母本果实特性比较

性状	红颜	章姬	幸香
果实大小	大	大	中
果实形状	长圆锥形	长圆锥形	长圆锥形
果皮颜色	鲜红	粉红	鲜红
果肉颜色	粉红	淡红	淡红
果心颜色	粉红	白	粉红
果实光泽	良	良	良
果实空洞	极少	极少	中
果实纵沟	中	极少	中
果实香味	中	中	中
口感	良	良	良
瘦果脱落	中	小	小

红颜和章姬不同重量等级的果实形状比较

重量等级	品种	平均单果重（克）	果实长度（毫米）	最大横径（毫米）	最小横径（毫米）	扁平程度①	果实形状比②
≥30克	红颜	34±3	55±3	41±2	38±2	0.93	1.3
	章姬	34±4	65±3	38±2	35±2	0.94	1.7
25～<30克	红颜	27±2	50±3	38±1	36±1	0.95	1.3
	章姬	28±1	60±3	36±1	34±1	0.93	1.7
18～<25克	红颜	21±2	46±3	35±1	33±1	0.94	1.3
	章姬	21±2	53±4	33±1	31±1	0.94	1.6

重量等级	品种	平均单果重（克）	果实长度（毫米）	最大横径（毫米）	最小横径（毫米）	扁平程度①	果实形状比②
12～<18克	红颜	15±2	40±2	31±2	30±2	0.96	1.3
	章姬	15±2	46±3	29±2	27±2	0.94	1.6
9～<12克	红颜	10±1	34±2	27±1	26±1	0.95	1.2
	章姬	11±1	40±3	26±1	24±1	0.93	1.5
6～<9克	红颜	7±1	29±3	24±1	24±1	0.98	1.2
	章姬	8±1	35±2	24±1	22±1	0.94	1.5

注：①扁平程度=最小横径/最大横径；②果实形状比=果实长度/最大横径。

如表所示，红颜、章姬不同重量等级的平均单果重较为接近。但不同重量等级的果实红颜比章姬短；红颜的最大和最小果实横径大于章姬，果实越小，二者差异越大，章姬果实偏扁平；果实形状比反映出章姬的果形比红颜更细长。

4. 抗性特征

红颜不抗白粉病、炭疽病、细菌性角斑病等病害，其抗病性略优于章姬，但仍不具有针对特定病虫害的抗性。

在水肥条件不好的情况下，红颜容易发生生理性病害。在叶缘出现枯焦现象后，很容易继续出现花萼干枯的现象。在少灌水、多施肥的条件下，顶花序出蕾时易发生花萼干枯现象；而第一次腋花序出蕾时，在少施肥的条件下很少发生花萼干枯现象，但灌水过多时也很容易发生，这可能与根部养料、水分吸收的活性降低有关。

草莓的自封顶现象是因为腋芽抽生匍匐茎和花序，出现了植株无芽的症状。红颜的自封顶症状不多，主要原因是腋芽发育成花序，育苗晚期施肥不足。

5. 补光反应

红颜对补光的反应强于章姬。由于植株长势过于旺盛，因而在一般情况下不需要额外补光。在辅助实施补光管理的情况下，虽然没有具体的数据，但红颜比章姬所需的时间短。

6. 腋芽管理

红颜植株中第一次腋芽发育成 1 个花序和 2 个花序的植株各占一半，第二次腋芽发育成 2～3 个花序。顶花序的果实重量一般不发生变化，而第一次腋芽发育出 2 个花序，花序之间的营养竞争导致各果实的重量略有减轻。第二次腋芽中有 2 个花序的植株，一级序果的重量与有 1 个花序的植株相近，有 3 个花序的植株中从一级序果开始，果实重量逐渐减少。因此，花序数量的增多加剧了竞争，导致果实重量略有减少。因此两次腋芽的留芽方法是，第一次腋芽保留 1 个花序的时候，第二次腋芽保留 2 个花序；第一次腋芽保留 2 个花序的时候，第二次腋芽保留 2 个或 3 个花序。

7. 产量构成

红颜是大果品种，平均单果重远远大于幸香，也超过章姬；产量高，截至 3 月底，平均单株产量超过 600 克。红颜的成熟期略晚，主要集中在 2～3 月，和章姬相比，1 月的早期产量较低，但后期产量逐渐增加，总产量高于章姬。

8. 单株产量和单位面积产量

红颜产量较高，如下表所示，红颜在供试的 5 个品种中产量最高。截至 3 月底，平均单株产量超过 600 克，比章姬等品种高 15% 以上，以每 667 米^{2}种植 8 000 株计，单位面积产量高达 4 808 千克。红颜的平均单果重仅略低于久能早生，远高于章姬、幸香等品种；商品果率 90% 以上。但红颜早期产量低于章姬，后期产量上升，采收期集中在 2～3 月。

不同品种的单株产量和单位面积产量比较

品种	截至 1 月末的产量			截至 3 月底的产量				商品率（%）
	单株结果数（个）	平均单果重（克）	平均单株产量*（克）	单株结果数（个）	平均单果重（克）	平均单株产量（克）	每 667 米^{2}产量*（千克）	
红颜	12.6	16.0	201.1	47.9	12.6	601.0	4 808	90.5
章姬	18.8	11.9	223.3	48.3	10.9	522.4	4 419	91.6
幸香	8.7	13.1	113.7	38.3	9.8	373.3	2 986	83.2
女峰	19.7	9.7	191.8	51.2	10.2	521.8	4 174	84.0
久能早生	9.7	16.3	159.0	39.1	13.1	511.0	4 088	85.3

注：*表示以每 667 米^{2}定植 8 000 株计。

第 3 章　PART 3

育苗技术

红颜草莓耐低温能力较强，在冬季低温条件下连续结果性好。但耐热性差，高温季节繁殖系数低。易感炭疽病、病毒病，与其他草莓品种相比育苗难度大、要求技术水平高。每年的 3～8 月是生产苗繁殖阶段，露地育苗技术对于红颜草莓病害防治具有一定风险，尤其是连续阴雨天后的病害防治以及排水工作至关重要。

一、 种苗脱毒繁育技术

草莓种苗繁育主要采用匍匐茎繁殖，该方法一旦植株感染病毒便会世代相传，导致植株矮化、匍匐茎发生减少、果实品质变劣、产量严重下降。我国草莓因草莓病毒病每年减产 35 万吨，直接经济损失达 30 亿元。草莓病毒病已成为草莓主要病害之一，严重阻碍了草莓产业的发展。目前危害大、分布广、造成严重损失的草莓病毒主要是草莓斑驳病毒、草莓镶脉病毒、草莓皱缩病毒和草莓轻型黄边病毒，我国的草莓主栽区均存在上述 4 种病毒。由于对病毒病的防治尚无有效药剂，因此，繁育和栽培应用脱毒种苗是防治草莓病毒病的根本对策。有研究表明，草莓脱毒植株在生长、结果、果实品质等方面均超过带病毒植株，增产幅度为 21.0%～44.9%。

草莓脱毒方法主要有茎尖培养脱毒法、热处理脱毒法、花药培养脱毒法、化学药剂处理脱毒法，以及近年来发展起来的一种新型高效脱毒技术——超低温脱毒法。

1. 茎尖培养脱毒法

用草莓茎尖组织培养脱毒苗主要是利用病毒在植株体内的分布不均匀性，在受病毒侵染的植株中，顶端分生组织一般是无毒的，或者携带病毒的浓度很低。分生组织内部不存在微管系统，因此，通过微管系统在植株内移动的病毒不能达到茎尖分生组织；分生组织细胞分裂速度超过病毒的复制速度，且内源生长素含量较高，对病毒有钝化作用，可以抑制病毒的增殖。

我国进行草莓茎尖培养脱毒起步于 20 世纪 80 年代，主要研究茎尖大小对脱毒效果的影响以及不同培养条件、不同基因型对培养效果的影响。国内学者一般认为茎尖越小，去除病毒的概率越大。0.3 毫米以下的茎尖脱毒率高，其组培苗不带病毒；0.5 毫米以上的茎尖只有 20% 的脱毒率。采用单纯茎尖培养脱毒法剥离的草莓茎尖越小，脱毒苗成活率越低。另外有学者研究发现，采用 0.5 毫米大小的茎尖进行二次脱毒培养，脱毒率达 100%，但成活率仅为 26.27%。因此不管是单纯茎尖培养脱毒法，还是二次茎尖培养脱毒法，都对操作技术有很高要求。

（1）**操作方法** 选取草莓健壮植株上生长充实而小叶尚未展开的匍匐茎，剪下顶端3～4厘米长的带顶芽部分，用含洗涤剂的水溶液振荡清洗3～5分钟，自来水冲洗30分钟左右，去掉外层苞叶，在超净台上用75%酒精表面消毒30秒，然后用无菌水冲洗3次；再用10%的次氯酸钠（NaClO）消毒5～8分钟，用无菌水冲洗5次。在双筒解剖镜下剥离出0.2毫米大小的茎尖分生组织，用无菌解剖刀切取茎尖接种于诱导培养基上诱导培养。

（2）**培养条件** 诱导培养时暗培养3天，能够有效减缓草莓茎尖的褐化，之后进行正常的光暗交替培养。一般光照时间设定为每天16小时，光照度为2 000～3 000勒克斯，培养温度为（25±2）℃。

（3）**培养基选择** 用于草莓组织培养的基本培养基为MS，培养基的pH为5.8，诱导培养基为MS＋6-BA（0.5毫克/升）＋NAA（0.05毫克/升）。茎尖分生组织培养2周后，陆续膨大、转绿。接种茎尖越小，膨大概率越低，越容易发生逐渐变褐的现象。膨大的分生组织会慢慢露出芽体，继续培养1个月左右分化出幼芽。幼芽为淡绿色，随着生长，逐渐变绿长大，形成丛生的不定芽。

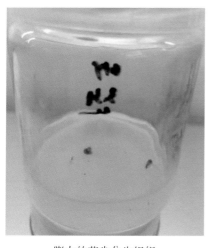

膨大的茎尖分生组织　　　　　　　　丛生的不定芽

挑选生长良好、未污染的不定芽切割为单株，转移到增殖培养基MS＋6-BA（0.5毫克/升）＋NAA（0.10毫克/升）中，培养10天就能出现淡绿色的丛生芽，15天后丛生芽的叶子展开并转变为绿色，茎部变粗、伸长成为丛生苗。

丛生苗

待组培苗株高生长到 2 厘米左右，茎叶深绿健壮时，就可以分株转移到生根培养基 1/2 MS＋IBA（0.1 毫克/升）（蔗糖 20 克/升）中，一般 10 天后有白根出现，根数增渐增多，根逐渐变长，20 天后能够达到 3～4 条根。

（4）**驯化移栽** 组培苗株高生长到 3～4 厘米，根长 2 厘米左右，茎叶健壮时，就可以将组培瓶苗转移到缓冲区或遮阳温室中进行炼苗 1 周左右，待幼苗充分适应外界环境后再移栽到基质中。移栽前先用清水将根部附着的培养基洗掉，可蘸取适量生根剂，种植到营养钵或穴盘中。移栽基质可选用蛭石：珍珠岩：草炭土（1∶1∶1）的混合基质。驯化培养条件：温度 18～25℃，湿度 85%～100%，遮阳网遮光率 50%，新根生出后去除遮阳网。待苗长出 4～5 片新叶时，就可以进行移栽种植。

2. 热处理脱毒法

热处理脱毒法是利用病毒粒子不耐高温的特点，创造高温条件使病毒粒子钝化失活，达到灭活病毒的目的。一种方法是利用恒温或变温的热空气处理带病植株，剪取热处理后长出的新芽进行组织培养，得到无病毒的原种植株，该方法脱毒效果较好。利用 37～38℃ 恒温或 35～38℃ 变温处理茎尖，有效降低了热处理后植株的死亡率。另一种方法是将茎尖培养与热处理脱毒相结合，切取草莓茎尖 0.5 毫米大小进行培养，分化出幼苗，然后将培养瓶移入人工气候箱进行热处理，39℃/18℃（昼/夜）变温 30天，结合 38℃恒温 30 天处理，也可以采用 38℃恒温处理 46 天，这 2 种热处理的效果都很好。

3. 花药培养脱毒法

草莓花药培养的最佳时期为单核靠边期。确定花粉发育时期的操作方法为：选取当天没有张开，长度为 4~6 毫米，外观为黄绿色的花蕾。剥取几粒花药放在洁净的载玻片上，加一滴醋酸洋红试剂，用解剖针或镊子挤压花药，使之压碎，释放出小孢子。盖上盖玻片在显微镜下观察花粉发育时期，从而确定小孢子发育时期是否为单核靠边期。使用的培养基可以在茎尖培养基的基础上，增加细胞分裂素的用量，来提高愈伤组织的分化率。

处于单核靠边期的花药

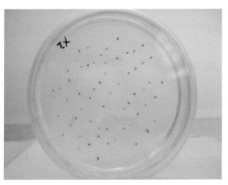

花药诱导培养

愈伤组织分化

4. 化学药剂处理脱毒法

化学药剂处理脱毒就是利用化学试剂在植物体内可以延迟或是抑制病毒复制的作用，从而使植物摆脱病毒的一种外界干预法。目前植物脱毒的化学试剂主要有三氮唑核苷（病毒唑）、5-二氢尿嘧啶（DHT）、放线菌素、碱性孔雀及环乙酰胺和医用盐酸四环素等，其中病毒唑应用最广。该方法结合了茎尖培养脱毒法，在培养基中加入化学试剂后切取茎尖进行培养。

5. 超低温脱毒法

超低温脱毒法是在超低温保存的基础上建立的一种新型高效的脱毒方法，主要是将材料预处理之后置于液氮中冷冻处理，后经解冻再生等过程，从而达到脱毒的目的。较传统脱毒法而言，其脱毒效率更高，且对茎尖大小无要求。该方法同时脱除草莓斑驳病毒、草莓镶脉病毒、草莓皱缩病毒和草莓轻型黄边病毒 4 种主要病毒的概率高达 100%，脱毒苗成活率为 69.03%。

6. 草莓病毒检测方法

草莓脱毒苗必须经过检测，检测合格后才可作为母苗进行繁育或栽培应用，实现草莓的无毒化栽培。检测草莓脱毒苗的方法主要有指示植物鉴定法、血清酶联免疫吸附法（ELISA）和分子生物学检测法等。

指示植株鉴定法是用对病毒敏感的野生草莓来鉴定待检草莓体内的病毒。将待检草莓的叶片嫁接到指示植物上，依指示植物症状，可判定病毒的有无或种类。血清学方法是快速检测病毒的一种方法，园艺植物上应用的血清学方法主要是血清酶联免疫吸附法。分子生物学检测法主要是利用核酸分析和核酸杂交技术，其中 PCR 技术在国内外草莓病毒检测中已得到广泛应用。

二、 组培及实生苗培育

1. 组培

草莓生根比较容易，在继代培养过程中，个别苗也会长根，为了保证生根的整齐程度，把继代培养后生长健壮的植株转接入生根培养基中，其余植株转接到新鲜的继代培养基中继续扩繁。当 IBA 浓度为 0.3 毫克/升时，草莓苗生根多且粗壮。生根后的瓶苗，直接移栽成活率不高，需要在温室或大棚进行过渡炼苗，使瓶苗逐步适应外界生长环境，完全适应后再移栽到大田，以提高瓶苗成活率。

具体方法：待瓶苗中的根长至 2～3 厘米，将瓶苗移出培养间，除去瓶盖进行炼苗，此时需将瓶盖虚掩，以免瓶苗因难以适应环境的巨大变化出现萎蔫现象。炼苗过程中待瓶苗适应环境后，再彻底去掉瓶盖，其间一般需要 7～10 天。之后将苗从瓶中取出，洗掉基部粘连的培养基，移栽到提前装好基质的穴盘中，置于设施中，且在设施内再做小拱棚以达到保湿效果。7～10 天后，长出新叶再进一步除去塑料小拱棚，让苗适应设施环境。经过 20～30 天的适应后可移栽。

组培苗驯化　　　　　　　　　　　组培草莓苗

2. 原原种苗驯化

驯化原原种苗的温室也叫种圃，种圃要远离草莓栽培区，并建防虫网。驯化过程中采取的所有措施，都要考虑避免草莓植株遭到病毒、蚜虫侵染。移栽选用的 50 孔穴盘，必须做到专用，用无病菌的新基质，用镊子将根理顺，插入基质中，浇 1 次透水。

（1）驯化前瓶苗处理　当组培苗株高 2 厘米时，将组培苗从培养室移至驯化室。继续生长至株高 8 厘米以上，根系长 4 厘米以上时，进行移栽。驯化前 3 天，把瓶盖打开，让组培苗适应驯化环境。驯化基质采用草炭土，拌入 30% 的百菌清（百菌清：土 = 1∶100），喷洒 30% 辛硫磷1 000 倍液和 73% 炔螨特乳油 1 000 倍液，覆盖塑料膜 10 天。组培苗移栽采用深度为 11 厘米的 32 孔穴盘，使用前穴盘装入适量基质并浇透水，依据根系长度打好孔。将组培苗根部培养基洗净定植于穴盘中。定植原则"深不漏根，浅不埋心"，栽好后浇透水。

（2）温湿度管理　移栽后设施内的温度宜保持在 15～20℃，相对湿度前 5～7 天保持在 80%，之后降至 50%，经过 14 天左右，就可以拆去塑料膜。驯化期间，温度白天不宜高于 28℃，夜晚保持在 15℃ 左右。移栽后遮光率保持在 20%～40%，相对空气湿度保持在 20%～40%，穴盘保持湿润，一般 1～2 天喷 1 次水，注意防虫防病，及时拔除杂草，每隔 10天喷施 1 次药剂防治蚜虫，每隔 20 天喷施 1 次广谱性杀菌剂。当小苗长到3～5 叶时，原原种苗就培育好了。繁殖原原种苗除了要做防治工作，更重要的是要防止病毒感染。

3. 原种苗及种苗繁育

选择地势平坦、疏松肥沃的酸性或中性土壤，排灌良好、光照充足且远离草莓生产园 1 千米以上，避免选择前茬为茄科（番茄、茄子、辣椒等）、瓜类及草莓作物的地块，以前茬栽植过豆类、玉米和蒜类作物的地块为好，要注意蚜虫的防治工作。

（1）整地 清除地上杂草及杂物。脱毒苗长势旺盛，所需营养多，每亩*需施入腐熟有机肥 3 吨，氮磷钾复合肥 50 千克，深耕 30 厘米以上。

（2）做畦 一般畦宽 1.2 米，畦高 30 厘米，畦间距 30 厘米。也可以选择条件优秀的地块合理设计畦的尺寸，根据原种苗数量规划地块大小。精细整好的地块无石块，无异物，土壤疏松。酸性土壤用生石灰调酸，保证土壤酸碱度呈微酸至中性，并用高效低毒农药杀灭地下害虫。

（3）定植 定植时间约在 5 月上中旬，日平均温度在 12℃左右即可。定植前 3 天，垄沟灌透水。在畦上居中定植 1 行，株距 50 厘米，定植原则为"深不埋心，浅不露根"，定植完浇透水。

（4）肥水管理 灌溉可采用滴灌、沟灌或微喷等方式。缓苗前保持土壤湿润，缓苗后根据土壤墒情进行浇水，注意雨季排水。6 月中旬至 9 月上旬为匍匐茎生长旺盛期，此时注意加强肥水管理，施肥原则为"少施勤施"。每 7～15 天结合浇水施用 1 次氮磷钾复合肥，用量 8～10 千克/亩，据植株长势可适当喷施叶面肥。

（5）中耕除草及摘叶、花序 整个生育期要及时进行中耕除草，保持土壤疏松，促进匍匐茎生根。缓苗生出新叶后，及时摘除干叶、老叶及病叶，留 4～5 片健壮的功能叶片即可。抽生出的花序全部摘掉，以减少养分消耗，促进匍匐茎生长。

（6）匍匐茎管理 匍匐茎生长出第一株子苗时，利用草莓 U 形夹压蔓固定，牵引其生长方向，促进子苗生根，各匍匐茎之间留出足够的生长空间。一般根据需求量留取匍匐茎的条数和级数。

（7）病虫害防治 整个生育期应注意病虫害的防治，尤其是蚜虫的防治，避免传播病毒病。

三、露地育苗技术

1. 选择育苗地块

宜选择地势平坦、土壤疏松肥沃、排灌方便、背风向阳的地块作为草莓专用育苗地块。红颜喜湿不耐涝，若种苗长时间在水中浸泡，死亡率极

---

* 亩为非法定计量单位，1 亩≈667 米²。——编者注

高，严重的地块甚至绝收。经过雨水浸泡超过 3 小时的种苗一般不建议在生产田中使用，这样的草莓种苗后期长势会变弱，很容易死亡，因此，低洼和积水地块不宜作为草莓育苗地块使用。

2. 土壤消毒

土壤消毒可以解决连作障碍中占主导地位的土传病虫害问题，大幅度缓解连作障碍，提高草莓对水分和养分的吸收与利用效率，保证土壤持续生产能力。土壤消毒药剂可以选择石灰氮、辣根素、棉隆等。

为土壤撒施药剂

3. 整地做畦

土壤消毒之后，需晾晒 7～10 天再进行整地做畦，使土壤充分曝气，避免消毒时的有害气体在土壤中残留，影响草莓母苗的生长。黏重、含水量高的土壤要延长曝气时间。每亩撒施腐熟商品有机肥 500～1 000 千克，深翻 30～35 厘米，与土壤和肥料充分混匀。草莓不耐涝，草莓育苗田间生长时间较长，会经历雨季，雨水大很容易造成死苗，因此，育苗一般都采用有利于排水的高畦栽培模式进行。

4. 母苗定植时间

当日平均气温达到 10～12℃时便可开始定植。当 10 厘米处的地温稳定在 2～5℃时，草莓根系便开始缓慢生长，但此时根系的生长主要是上年秋季长出的白色初生根的继续延伸，发生新根的量很少，之后随气温的不断回升才逐渐从根状茎和新茎上发生新根。当地温稳定在 13～15℃时，草莓根系出现第一次生长高峰。应根据根系的活动规律和当地的气候条件及早定植草莓母苗。

5. 选择优良母苗

优良母苗的特点可概括为品种纯正、根系发达、无病虫害。选用脱毒苗作为母苗，是生产优质、高产草莓苗的关键。脱毒苗的生产性能与非脱毒苗相比，存在明显优势。繁育原种一代苗时，应选用健壮、根系发达、有 4～5 片叶的脱毒苗作为母苗。繁育生产苗时，应选用健壮、根系发达、有 4～5 片叶、无病虫危害的原种一代苗作为母苗。

6. 水分管理

定植后要及时浇 1 次定植水，浇水量以浇透且不渗向垄沟为准，以保证母苗的成活。草莓母苗成活后，由于是早春天气，温度还比较低，尤其是地温，土壤蒸发量小，根据土壤墒情，每隔 5～7 天浇 1 次水，浇水时间不宜过长，以防降低地温，影响根系的生长。母苗抽生匍匐茎以后，需水量变大，浇水时间要延长，可每 3～5 天浇 1 次水，每亩灌溉量在 2 米^{3}左右。进入盛夏，如果下午蒸发量大，发现畦面缺水，还要再次浇水，为草莓苗补水的同时，还能起到降温的作用。浇水频率和浇水量根据不同的土壤质地和天气情况确定，标准是见干见湿。雨季的时候，还要做好排水工作，及时把雨水从田间排到外面，减少雨水浸泡草莓苗的时间，防止草莓炭疽病的发生。

7. 植株管理

（1）中耕除草　草莓母苗缓苗后，要进行中耕除草。除草是春季育苗中非常重要的工作，杂草随着浇水量的增加和温度的提高生长速度加快，过多的杂草不仅和草莓争夺养分，更严重影响草莓植株受光，使植株细弱，在中后期杂草的滋生导致草莓根系很难及时扎入土中形成气生根，遇干热风或干旱时间较长就会死亡。中耕的深度为 2～3 厘米，同时去除杂草。在草莓匍匐茎大量发生前，除草2～3 次。草莓子苗生长阶段，中耕除草时要结合植株调整进行，注意不要对子苗造

高架育苗气生根

成机械性损伤或搜动子苗，影响其生根。

（2）去花蕾和老叶　草莓定植后，4～5月会抽生花序，必须随时摘除花蕾和干枯的黄叶、老叶，以减少养分的浪费，促进匍匐茎的发生。

（3）喷施赤霉素　在匍匐茎发生期喷1次30～50毫克/千克的赤霉素，注意不要多次喷施，否则草莓苗激素积累，定植后易旺长，不结果。

（4）引茎和压茎　当草莓母苗抽生匍匐茎以后，选留粗壮的匍匐茎，将细弱的匍匐茎及时去除。新抽生的匍匐茎应及时将其沿畦面的两侧摆放，理顺，用专用工具（U形夹）在子苗长出根系的后面将匍匐茎固定，让匍匐茎长根的地方与土壤直接接触，有利于扎根。一般一级子苗固定在离母苗30厘米处，二级子苗固定在距离一级子苗10厘米处，以此类推，使同级子苗在一条直线上，便于鉴别，同时保证每株子苗有一定的营养面积。根据母苗的生长状况，每株选留8～12条匍匐茎，每条匍匐茎上选留3～4株子苗。

露地育苗全景　　　　　　　　　　露地育苗畦面

（5）去除子苗的老叶　对于抽生较早的匍匐茎苗，底部叶片变厚、变硬、变黄、老化，抗性降低，易感染病害，此时应及时摘除老叶，刺激新叶长出，促进新根发生，以减少匍匐茎苗的老化程度，保持功能叶片4～5片较为适宜。对于徒长苗，要及时去掉较大叶片和相互遮光的叶片，加强通风透光，防止徒长。或者剪掉叶片的1/2，保留叶柄，这样也能有效防止子苗继续徒长；在7月底，草莓出圃前，子苗比较多且密，容易郁闭，可将子苗老叶去掉，只留1叶1心，避免郁闭和病虫害的发生；在7月底至8月初，可将草莓母苗铲除，加强通风透光，为子苗的生长提供充足的空间，促进子苗长壮。

（6）**断茎**　在子苗长出 4～5 片叶以后，可切断与母苗连接的匍匐茎，这样有利于幼苗的独立生长。

8. 养分管理

（1）**追肥结合灌水进行**　在草莓匍匐茎大量发生期，主要通过追施速效性肥料来及时补充草莓植株所需要的养分，结合滴灌可每亩施用 3 千克速效性肥料。施肥时，先浇一会儿清水，然后开始冲施肥料，施肥罐里的肥料施完后，要继续滴灌一段时间，用清水把滴灌带里的肥料冲洗出去，避免残留肥料腐蚀管壁，堵塞滴灌带的出水孔。

（2）**追施肥料的选择**　4～5 月主要以培育健壮母苗为主，中期大量子苗形成，施用氮、磷、钾含量平衡的水溶肥，7～10天施肥 1 次；后期匍匐茎大量发生时期，施肥以高磷、钾的肥料为主，降低氮素供应。肥料需要同时含有各种中微量元素，避免草莓苗生长过程中出现缺素情况，同时在生长过程中注意补充钙元素。

红颜的吸肥能力强于章姬，因此要做好施肥管理，防止肥料不足。红颜的匍匐茎本来就呈现红色，肥料不足时会变成鲜红色，因此可以借助匍匐茎的颜色判断是否缺肥。

露地育苗浇水

9. 起苗

起苗时间一般在 8 月下旬至 9 月上旬。起苗前 2～3 天，喷施广谱药剂防治草莓病虫害，避免草莓苗带病虫进入设施。起苗时应注意保护根系，防止受伤。子苗按照一级子苗、二级子苗的顺序，或者不同分级标准，如根系数量、新茎粗、叶片数量等，按一定数量（50 株或 100 株）扎成捆，大苗与小苗分开种植，便于后期管理。在草莓苗分级过程中，要遵循大小相对分级。一般分为 A、B、C 三个等级。A 级标准：新茎粗 1厘米以上，4 叶 1 心，10 厘米长的主根 10 条以上。B 级标准：新茎粗 0.8厘米以上，3 叶 1 心，8 厘米长的主根 8 条以上。C 级标准：新茎粗 0.6厘米以上，3 叶 1 心，6 厘米长的主根 6 条以上。新茎粗小于 0.4 厘米的草莓植株不适宜促成栽培。起苗后用塑料袋护住草莓的根系或装在纸箱中，有条件的地方，可以先行预冷后用冷藏车进行运输，避免草莓内热而降低定植成活率。起苗和运输过程均需注意避免草莓根系的水分散失，防止根系老化。

槽苗起苗前

四、 避雨育苗技术

避雨育苗的措施可有效避免夏季雨水对种苗的冲击，并可减少土传病害的发生，使草莓种苗健壮，缓苗期短，成活率高。利用避雨基质育苗能有效减少种苗苗期病害，提高繁苗系数，单株繁苗系数最高可达 70 株，既可以形成壮苗，使花芽分化整齐，又可以促使草莓果实较露地常规育苗生产提前上市。避雨育苗技术按照栽培模式的不同可分为避雨平畦育苗、避雨高畦育苗和避雨高架育苗；按照草莓母苗栽培介质的不同可以分为避雨土壤育苗和避雨基质育苗。

育苗棚外种植除虫菊驱避害虫

1. 场地选择与棚室准备

（1）场地选择 与露地育苗一样，避雨育苗的场地选择也非常重要，要求场地无积水，四周没有大型建筑等遮阳物，通风透光较好，远离垃圾场等。从种植栽培条件上考虑，要选择阳光充足、灌水与排水方便、土壤肥沃、远离病源的地区。坡地要选择南北向坡地，东西向坡地的条件稍差。

塑料大棚育苗

避雨架式基质育苗

避雨土壤育苗

连栋温室育苗

场地必须离水源较近，在干旱季节要保证有灌溉水源，在低洼地区要深挖排水沟，避免雨季园地被淹。

（2）棚室准备 草莓避雨育苗要求设施通风、透光，棚外整洁无杂草。四周应挖有排水沟，防止夏季大雨倒灌进入，对草莓种苗的生长造成不良影响。有条件的园区还可以安装自动开关风口装置，即在棚室内安装温湿度感应器，另一端与计算机连接，当温度高于设置的最高温度时，开关风口装置即开启风口，当棚内温度低于设置的最低温度时，开关风口装置即关闭风口。

2. 基质育苗准备

（1）母苗栽培 基质栽培容器可选择盆、钵等。基质育苗可改善母苗的根际环境，提升缓苗速度，避免土传病害发生，使母苗长势好。

（2）采用基质槽（穴盘）承接子苗　子苗采用基质槽（穴盘）承接，在距离母苗两侧10厘米的位置开始摆放，每畦母苗两侧各摆放4行基质槽。摆放完成后向子苗基质槽内装填基质。基质可以选择商品基质，也可以用草炭、蛭石和珍珠岩按2∶1∶1的体积比混匀，再在每立方米基质中加入15千克商品有机肥一起混匀。装填基质时，基质面可稍高于基质槽的边，因为浇水后基质会下沉，但要注意以下几点：

穴盘承接子苗

子苗基质槽不要过早放入育苗棚内，受棚内长时间高温影响容易老化。装入基质槽后再浇水不易浇透，水会从基质槽两边流出，而中间的基质仍然较干，因此，混匀基质时要一边混匀一边洒水，避免基质太干。子苗采用基质槽栽培的，比土壤栽培要更晚进行压苗，因其比土壤栽培扎根和生长更快。

3. 选择优良母苗

要培育健壮的草莓苗，首先要选择优良母苗，对草莓母苗的选择参照露地育苗优良母苗的选择。

4. 定植母苗

（1）定植时间　北方地区避雨育苗在2月底至3月初进行草莓母苗的定植工作，草莓母苗生长时间的长短和长势强弱直接影响草莓繁苗的质量和数量。因此，培育健壮的草莓母苗是关键。

（2）定植准备　定植之前要在母苗定植畦上铺设滴灌带，每畦双行种植的最好铺设2行滴灌带，滴水孔间距选择比较小的，滴水均匀；在定植

基质槽承接子苗

前2～3天都要进行洇畦,保证基质充分湿润,并且"湿而不黏";将要定植的草莓母苗的老叶、病叶、残叶用剪刀剪掉,叶柄留10厘米左右,每株保留4～5片功能叶。

(3)定植 母苗定植之前应注意根系保湿,防止定植操作时伤根严重。生产上现多采用基质栽培母苗,先用花铲在畦上两侧按定植密度挖和营养钵(穴盘)一样大的定植穴,把母苗从营养钵(穴盘)中取出,然后放入定植穴,用基质把定植穴的缝隙填满。让草莓的基质坨面和畦面一样平,切不可定植过深,栽植深度以"深不埋心,浅不露根"为准。草莓母苗缓苗后,母苗周围的基质会因浇水而下陷,要及时填基质,将草莓母苗露出基质的根系埋住。定植后发现死苗要及时补苗,非常弱的苗可以在旁边贴种一株,不要等弱苗完全死了再补苗，这样容易造成长势不一致。补苗位置选择在滴孔附近。

5. 温度管理

（1）定植后的温度管理　早春定植初期，外界温度较低，注意封闭棚室，保持棚室温度28℃，通过风口开闭来调节棚室内温度，大于28℃可打开风口，小于24℃可关闭风口。

（2）后期高温阶段的管理　进入5月后，光照明显增强，可通过开关风口调节温度，一般白天温度保持在24～28℃，夜间温度保持在10℃左右。为了避免高温强光伤害，要对草莓育苗棚室进行遮光降温处理，使棚室内的温度和光照度适合草莓苗的生长。

（3）对草莓设施进行遮阳降温

①遮阳网外遮阳。外遮阳是将遮阳网挡于设施外进行遮阳的方式。这种方式阻挡了大部分阳光进入棚室，直接减少了直射光和散射光的量，有效减少了辐射热。采取支架外遮阳时，遮阳网和棚膜之间有足够的空间能让空气流通散热，比遮阳网直接盖在棚膜上的方式降

用上一茬表现好的生产苗作为母苗

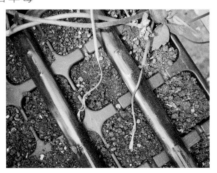

匍匐茎被烫伤

温效果要好。草莓育苗上用的遮阳网的遮光率通常在60%左右，可选择黑色或白色，外遮阳情况下可降低棚室内的温度3～5℃。但对于那些高度较高的设施，采用外遮阳方式比较困难，在大风地区，遮阳网很容易被刮坏、刮掉，不建议采用外遮阳这种方式，可以采用设施内使用遮阳网或遮阳涂层降温的方法。

②涂层降温。在棚膜外喷涂专业的遮阳降温涂料，阻止有效辐射进入棚室内部，从而达到降温目的。不同浓度涂层的遮光率和降温效果不同。此种方法具有遮光率可控，一次喷涂可持续遮阳，受外界恶劣天气影响小等特点，但原料成本稍高，如利索、利凉等。

根据涂层厚度不同遮阳率可达23%～82%，使温室降温5～12℃。耐

内遮阳 　　　　　　　　　　支架式外遮阳

白色遮阳网 　　　　　　　外遮阳网直接盖在棚膜上

雨水冲刷和紫外线，一次喷涂，整个季节持续有效。涂层可随使用时间而自然降解。如需提前去除，也可使用其配套产品简单、快速地清除干净，同时彻底清洁棚室表面。

　　③泥子粉或稀泥浆覆盖降温。在雨季来临之前或降雨较少的地方可以用泥子粉或稀泥浆进行遮阳降温。具体做法是将泥子粉调成稀浆或稀泥浆涂于棚膜外进行遮阳，这种方式原料成本低，但雨水冲刷后需要重新涂，使人工成本增加。如果用防水泥子粉喷涂，效果较好。

　　6. 水分管理

　　草莓匍匐茎的发生量与水分的多少有关。草莓避雨育苗中水分管理分为以下阶段：

　　（1）定植水　不论是平畦育苗，还是高畦育苗，在母苗定植后都要浇足定植水，促进缓苗，有利于根际保温。浇定植水一般在晴天上午进行。

　　（2）缓苗水　母苗缓苗后，气温还较低，蒸发量不大，可根据墒情确定浇水量，浇水时间不宜过长，防止土壤温度降低影响母苗根系生长。浇水时间尽量在晴天上午，避免造成根际温度过低。

（3）**抽生匍匐茎后浇水**　母苗抽生匍匐茎以后，需水量变大，可根据天气及基质干湿情况灌溉，一般3～5天1次。温度升高后可适当增加每次的滴灌时间或增加滴灌次数。

（4）**子苗发生后浇水**　子苗发生后要给子苗铺设滴灌带，经常灌水，使土壤湿润，有利于子苗扎根。进入8月后，适当控制土壤水分含量，以利于花芽分化。但不要使子苗严重缺水，以免影响后期生长。

带滴灌带的穴盘浇水

7. 肥料管理

对母苗和子苗的追肥都通过滴灌系统结合浇水进行。在草莓匍匐茎大量发生期，前期主要通过追施速效性肥料来及时补充草莓植株所需要的养分。肥料可选择氮、磷、钾含量平衡的水溶肥，有助于子苗发生量的增加。水溶肥中还要含有钙、镁、铁、锰、硼、锌、铜、钼等中微量元素，防止草莓苗发生缺素症，影响生长。追肥施用量为每亩每次3千克，根据长势和子苗发生量，可7～10天施用1次。进入8月后，减少氮肥施用，有利于草莓的花芽分化。

8. 植株调整

(1) 去除花序 早春定植后，无论是原来的钵苗还是冷藏苗，无论采取哪种栽培方式，都会抽生花序，必须及时将花序全部摘除，以减少营养消耗，促进草莓母苗的生长和子苗的抽生。及时摘除花序是最合理、最有效的节约养分方式。

(2) 去除母苗老叶 在草莓母苗的整个生长期间，随着新叶的不断长出，先长出的叶片不断衰老，因此要经常摘除老叶、病叶，减少养分消耗，促进通风透光，减少病虫害的发生。去掉的老叶要集中无害化处理，以防病虫害蔓延。进入后期，子苗长成后，为了增加通风透光性，可将母苗拔除。

(3) 去除子苗老叶 抽生较早的匍匐茎苗，底部叶片变厚、变硬、变黄、老化，抗性降低，易感染病害，应及时摘除，刺激新叶长出，促发新根，以减轻苗的老化程度。保持功能叶片 4～5 片较为适宜。要防止植株郁闭，可去除草莓母苗和剪掉子苗叶片，详细方法见 P29 露地育苗中的相关内容。

剪去母苗叶子　　　　　　　　　　　去除母苗

9. 子苗管理

(1) 选留、梳理匍匐茎 当草莓母苗抽生匍匐茎以后，选留粗壮的匍匐茎，及时去除细弱的匍匐茎。对于新抽生的匍匐茎，应及时将其摆到草莓母苗旁边并理顺，先不用育苗卡固定，待其生根。生根后按照一级子苗、二级子苗顺序分别固定在第一级槽（穴盘）、第二级槽（穴盘）内。为避免夏季高温影响根系生长，可使用白色穴盘进行育苗。

白色穴盘育苗

槽苗装苗出圃

货车运输草莓穴盘苗

五、 南繁北育避雨基质育苗技术

南繁北育避雨基质育苗技术是在传统引插和扦插育苗的基础上创新研发的一种高效、优质的繁育草莓生产苗技术。具有操作简单、省工省时及繁苗系数高等特点，繁育出的生产苗具有整齐一致、病虫害发生少及花芽分化早等优势，尤其适合育苗场集约化管理。该技术要点是结合南方地区（云南等地）和北方地区（京津冀北部山区、内蒙古等地）气候优势进行草莓育苗。在南方温暖地区提早进行母苗种植、匍匐茎高架悬挂繁殖，提高繁殖系数，通过倒推计算苗龄后，分批次、分时间剪下匍匐茎子苗后运送至北方冷凉地区进行避雨基质扦插，只要匍匐茎子苗具有2片以上正常叶片，都可进行扦插。运输过程中保持匍匐茎的温度在0～4℃，空气相对湿度在80%～90%，3天内完成扦插即可。扦插的成活率在98%以上，出苗率在95%以上，每亩可繁殖优质生产苗8万株。生产苗定植后花芽分化可提前5～10天，产量可提高4.3%。

1. 栽培架

为了兼顾生产需求和操作方便，母苗的栽培架高度确定在1.7米左右，能够保证四级生产苗的繁育。架子太低，下垂的三级或者四级匍匐茎就会接触地面，造成污染，并容易发生病虫害，不利于子苗的生长；架子太高不利于工人操作，使人工生产成本增加，且材料的成本也相应提高。

2. 基质的选择

育苗的基质最好选择新的基质，不要重复使用旧基质。商品基质应当符合生产标准，pH最好在5.5～7.0，EC值在0.5左右，容重在0.2～0.6克/厘米^3。随着育苗产业的发展，也可根据情况自行配置，可选择椰

子苗繁殖

高架匍匐茎繁殖

糠、草炭、珍珠岩等混配基质。

3. 母苗的选择和定植

南繁北育技术中母苗定植时间的选择尤为重要。经过试验，南方温室或大棚条件下的种植时间应在春节前后，不能超过 3 月中旬，比北京地区可提早 1 个月。如果在北京地区育苗后到内蒙古或河北地区进行扦插，可以在 3 月初定植母苗，或者在上一年的 10 月将母苗定植到栽培架上，进行覆膜管理，可使母苗安全越冬，并且冬季的低温可促进早春母苗的生长，提高繁殖系数。母苗应选择健壮、无病虫害、根系发育良好的脱毒苗。

4. 水分管理

母苗定植后水要浇透，定植 10 天内外界温度比较低，因此每天浇 1 次水即可，保证根系部位水分充足，有利于缓苗。定植 10 天后，2～3 天浇 1 次水，促进根系生长；定植 20 天后，根据基质的墒情和天气情况合理灌溉，一般保持基的含水量在 60%～70% 即可，在灌溉过程中一定注意栽培架的排水，避免灌溉时积水，造成沤根，影响草莓母苗生长。

5. 肥料管理

定植后 20 天内，会抽发大量新根，此时使用生根剂随水灌溉，同时也可配合枯草芽孢杆菌进行灌溉，促进根系生长。4 月中旬后，合理浇灌含有微量元素的平衡肥（氮、磷、钾含量比例为 20：20：20），每亩地每次用量不超过 2.5 千克，每周使用 1 次。5～7 月开始抽生大量匍匐茎，依据草莓母苗的生长状态和叶片的颜色酌量增减肥料使用量，也可在每周常规施肥的基础上加入螯合钙，促进植株对钙元素的吸收。同时在 100 升水中加入 3 千克硫酸镁，每半个月 1 次，镁元素可促进植株对钙元素的吸收，提升匍匐茎的品质。

6. 温度管理

定植前期应尽量提温，控制白天温度在 25～28℃，夜间温度在 8～10℃，可采取晚开风口、早关风口的措施进行保温。随着外界温度的提升，6～7 月开始降温，有条件的可配套使用湿帘和风机，还可结合上部喷淋或者地面微喷进行降温、增湿。

7. 植株管理

定植成活后，植株开始出现的花序，应及时摘除，减少养分消耗，促进植株营养生长，整个育苗阶段都要避免花序的生长。定植后 1 个月后，可将下部的老叶、病叶去除，主要以平铺在基质表面的老叶为主。每株草莓每次去叶数量不超过 2 片，去除后应及时喷药，防止病菌从伤口侵入。

8. 生产苗的扦插与管理

（1）扦插时间的选择　根据定植日期推算草莓生产苗扦插的时间，一般草莓的根龄在45～60天时最适宜，如9月1日定植，即在7月1～15日进行扦插。根系一般会在40天左右长满整个穴盘，长时间留在穴盘内会引起根系老化，容易形成小老苗，不利于草莓早熟高产。若根系在穴盘内生长时间过短，会导致地上部分生长量不足，且根部未能完全发育好，容易散坨，难成壮苗，定植后还需进行营养生长，不利于花芽分化。内蒙古等地区因纬度相对较低，可适当提前扦插，让苗龄控制在60～70天。京苗北育一般扦插可进行2次，第一次是在6月底至7月初，将生长出的三级、二级匍匐茎从一级匍匐茎上部剪下，留下10厘米长左右的一级匍匐茎继续生长。7月中旬左右进行第二次匍匐茎的采集，同样进行扦插。

（2）生产苗药剂消毒及运输　将子苗与母苗连接的匍匐茎统一剪断，剪下的子苗留3～5厘米长的匍匐茎，去掉大多数叶片，留叶柄，保留至少1个完整叶片。用农药如嘧菌酯、噁霉灵、枯草芽孢杆菌等进行浸泡子苗，浸泡10～15分钟后捞出阴干水分。为了提高扦插成活率应现采现插，不能及时扦插的子苗，宜贮存在室温0～4℃、相对湿度80%～90%的冷藏室内，并在3天内完成穴盘扦插育苗。剪完匍匐茎的母苗也要进行药剂喷施，防止病原菌从伤口处入侵，影响以后匍匐茎的生长，主要采用75%百菌清可湿性粉剂600倍液或50%咪鲜胺乳油1 000倍液进行喷施。

扦插前的苗　　　　　　　　　用于扦插的苗及穴盘

（3）生产苗扦插　扦插时可选择28孔或32孔高脚穴盘，生产上普遍使用32孔穴盘扦插，穴盘规格为长54厘米、宽28厘米、高11厘米，每个穴孔的容积为 190 毫升，底部孔径 2 厘米。提前将穴盘在避雨的条件下装好基质，并码放在棚室内，装好滴灌设施，安装好遮阳网。遮阳网要做到棚室全覆盖，没有空隙，边缘的遮阳网要垂落到地面，如果是多块遮阳网必须保证边缘相互重叠，没有缝隙，避免阳光直射扦插苗。

将剪下的苗按大小分开，便于集中扦插管理。扦插时，去除子苗的受损叶片，用细木棍在基质上扎孔，将匍匐茎的根部插入基质中，轻轻将基质压实，使用育苗叉将苗插入浇透水的育苗穴盘基质中，随插苗随喷灌，注意插苗的深度以"深不埋心、浅不露根"为准。扦插后同一批次做好标记，主要记录扦插时间和匍匐茎的级数，以便统一管理。

扦插后的前 10 天应该保证空气湿度和基质湿度相对较高，并用 80%的遮阳网进行遮阳。缓苗期间安装自动喷雾装置，晴天白天按照"喷雾 1分钟，停止 15 分钟"的周期循环喷雾，缓苗期间空气湿度保持在 75%以上。

扦插时，浇 1 次透水进行保湿，3 天内每天都要浇水，保持基质湿润，3 天后就有新根长出来；扦插后 1 周内，每天至少浇 1 次水，保持基质湿润；扦插 1 周后，2～3 天浇 1 次水；扦插 15 天后，依据气候和基质湿度浇水，每隔 5～7 天喷施 1 次磷酸二氢钾；扦插 20～30 天时，适当控水、蹲苗。10～15 天缓苗结束后，去掉遮阳网，进行正常管理即可。温度高时选择在早晨或者傍晚进行浇水施肥，避免高温、高湿刺激根系生长，同时避免炭疽病的发生。

扦插环节

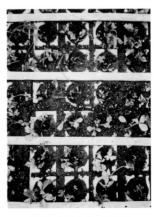

扦插后积水造成沤根

扦插苗　　　　　　　　　　　　　扦插后

> **温馨提示**
>
> 　　扦插子苗的穴盘前期浇水较多，为避免穴盘放置不平造成基质积水，穴盘要放在水平面上。

　　（4）壮苗标准　当植株具有4～5片功能叶片，植株生长健壮，无病虫害，叶片颜色鲜绿，须根多，根龄在45～60天，株高10～15厘米，根茎部位粗度在1～1.5厘米时即可出苗。

第4章 PART 4
栽培模式

红颜草莓具有生长适应能力好、休眠浅、自然坐果能力强、果形大、品质优等特点。一般进行日光温室促成栽培，秋季 9 月底定植，当年 12 月中下旬即可上市销售，采收期管理措施得当可持续到来年 5 月，产量稳定且经济效益好。半促成栽培适宜选择休眠期在 200～600 小时的长休眠期品种，而红颜打破休眠期需要 5℃以下低温 50～120 小时，休眠期浅，不适宜半促成栽培。红颜草莓在高温高湿环境下易感染炭疽病，果实较软，随着气温升高，5～6 月果实品质下降，因此不适合露天栽培。在栽培模式上，红颜草莓可以应用土壤起垄栽培、高架基质栽培、半基质栽培、水培等方式，具有很好的适应性，可实现轻简化栽培。

我国幅员辽阔，地形复杂和气候条件多样使得草莓的栽培模式和栽培管理技术不同地区存在很大差异。草莓栽培的最终目的，在于最大限度地满足消费者在不同时期对产品的需求，做到周年生产和供应，获得较高的经济效益和社会效益。目前，我国各草莓产区采用露地栽培与保护地栽培相结合的模式进行草莓生产。保护地栽培又分为促成栽培、超促成栽培、半促成栽培和延后抑制栽培。随着栽培技术的不断创新，按栽培介质类型划分，草莓栽培主要分为土壤栽培、基质栽培和土壤和基质结合栽培三大类，基质栽培应用于促成栽培和半促成栽培中。以套种和间作两大模式为基础，目前草莓套种作物有甘薯、玉米、西瓜、番茄、水稻、洋葱、菊花等，草莓间作作物有芽球菊苣、芦笋等。

一、保护地栽培

红颜草莓在我国一般以保持地栽培为主。保护地栽培是指在草莓进入休眠之前，人为给予高温或结合补充光照等改变环境条件的方式抑制其休眠，使其继续生长发育，开花结果的一种栽培方式。我国半促成栽培主要在小拱棚、塑料大棚和日光温室中进行，其中以小拱棚半促成栽培开始最早，应用面积最大。收获期可从 5 月中旬提早到 2 月中旬，经济效益比露地栽培显著增加。红颜草莓大多为促成栽培，几乎没有露地栽培。随着技术的发展，半促成栽培面积越来越小。

1. 促成栽培

促成栽培是在草莓完成花芽分化以后，未进入休眠之前，给予其高温、长日照、赤霉素等处理，阻碍草莓休眠，促进其生长发育，实现提早采收的一种栽培方式，可使草莓在元旦、春节上市，给广大种植户带来较高的经济效益。

促成栽培定植时间宜早，可在顶花序花芽分化后 5～10 天定植。定植

日光温室促成栽培

连栋温室促成栽培

时间为 8 月中下旬至 9 月上旬，裸根苗应早栽，基质苗可稍晚些。采用高畦定植，每畦栽 2 行，株距 15～17 厘米，行距 20～25 厘米，每亩可定植 7 000～8 000 株。

以不加温日光温室生产为例：温室后墙为砖墙，前坡用塑料膜覆盖，晚间利用保温被覆盖或双层草帘覆盖保温，温室内温度要在 5℃以上，否则就要采取加温措施。适时扣棚膜保温是草莓促成栽培中的关键技术。扣棚膜保温时间应是外界最低气温降到 5～8℃ 时。覆盖地膜也是促成栽培的一项重要措施，目前生产中普遍使用黑色地膜，因为黑色地膜的透光率差，可显著减少杂草的生长。一般在扣棚膜后 7～10 天覆盖地膜；保温被放下时间早晚决定日光温室夜间室内温度的高低，一般下午放下保温被后，室内温度可升高 3℃ 左右，如果放下保温被后，室内温度继续下降，则表明保温被放下时间过晚。早晨适时揭开保温被，温度先会短暂下降，之后开始提升，如果揭开后出现雾气或者棚膜上出现白霜，则揭开过早。具体揭保温被的时间应根据草莓各个生长时期最低温度调整，如膨果期，上午 6 时左右最低温度如果低于 8℃，就需要根据实际生产情况在下午提前 20～60 分钟放下保温被。

光照管理上，促成栽培主要生长期均在较寒冷的冬季。冬季日照时间短，光照不足是草莓日光温室促成栽培中的一个重要问题。实际生产中可以通过定期清洗棚膜增加光照，增大透光率；也可以人工补光，或后坡板位置张挂反光膜。

2. 超促成栽培

超促成栽培是将草莓育苗期间低温短日照处理及定植后栽培管理相结合的一种提早上市的栽培方式。

目前应用较多的技术为夜冷短日照育苗，利用人工制冷和短日照处理人为创造让草莓花芽分化的条件。白天保证 8 小时光照，夜间进库，库内温度保证在 8～18℃。夜冷处理需要 18～20 天。

超促成栽培生产一般 8 月下旬至 9 月初现蕾，国庆节之前开始上市。果实生长发育期在 8～9 月，处于高温时期，尤其是夜温较高，果实生长发育期遇高温导致果个小，酸度大。因此要采取适当降温措施，改善草莓植株生长与开花结果的环境条件。在温室内安装空气源热泵，既可给温室加温，也可给温室降温。白天正常放风管理，上、下放风口都开到最大，上午 10 时到下午 3 时用遮阳网遮阳，最好室内气温在 25℃ 左右。下午 5 时开始，关闭上下风口，放下保温被进行密封，使用空气源热泵系统进行降温，将温室内夜温控制在 18～20℃。10 月后栽培管理基本同常规促成栽培生产，在10月中旬左右覆盖地膜，及时去除老叶、病叶、匍匐茎，并加强温室内温湿度控制。

二、 按栽培介质分类

根据栽培介质类型可以将草莓栽培模式分为两种，即土壤栽培和无土栽培。目前在我国大部分地区主要采用的是土壤栽培模式。但随着现代农业的创新发展，无土栽培模式也在不断创新应用。

1. 土壤栽培

土壤栽培是草莓生产中最常见的栽培方式。土壤具有较好的保温保水效果，并且缓冲能力强，营养元素种类丰富，对种植者技术要求相对较低。不过这种模式存在种苗定植成活率低、病虫害易发生、存在连作障碍等问题。土壤栽培模式主要分为南北向人工起垄栽培、东西向机械起垄栽培和平畦栽培。根据不同地区环境及设施类型，垄向和规格稍有差异。

（1）南北向人工起垄栽培　北方地区种植草莓主要以日光温室为主，多采用南北向模具起垄栽培模式，南方地区种植草莓以塑料大棚为主，多采用东西向栽培模式。一般垄高30～40厘米，垄面宽40厘米，下宽60厘米，垄距90～100厘米，沟宽20～40厘米。这样的垄形可以保证草莓拥有温度、光照、水分和土壤等条件适宜的生长环境，提高草莓产量，从而提高经济收益。草莓植株长在畦面上，垄沟可以作为通风的走廊，并且可以作为人行道，结果后草莓果实紧贴在畦两侧的侧壁上，人在垄沟里行走，不至于踩果，便于疏花、疏果、打叶和采摘等田间管理。起垄栽培将土壤表面由平面形改为波浪形，地表面积比平地增加20%～30%，使土壤受光面积增大，吸热散热加快；土温可比平地增高2～3℃，有利于光

南北后人工起垄

南北向人工起垄栽培效果

合产物的积累。

（2）东西向机械起垄栽培　随着轻简化栽培技术的创新发展，机械起垄技术广泛应用，为提高劳动效率，便于机械作业，北方地区近几年也在不断推广应用东西垄向机械起垄栽培模式。传统南北向人工起垄需要4个

手扶式机械起垄

拖拉机式机械起垄

东西向机械起垄栽培

东西向机械起垄栽培效果

东西向栽培配备椅子

东西向栽培配备采收车

工人工作 6 小时，成本为 600～700 元/栋；东西向机械起垄需要 1 个机手工作 1.5 小时及后续 1 个工人平整垄面 3 小时完成，成本为 220 元/栋，比传统南北向人工起垄明显节省成本。从产量方面看，东西向机械起垄比南北向人工起垄产量增加 8.8%。

（3）平畦栽培　平畦栽培可以有效应对农业人口老龄化日益突出、传统高畦栽培模式劳动强度大、用工成本高等问题，与传统高畦栽培模式相比，具有省水、省人工的特点，产量和传统高畦栽培无差异；在相同施肥量的情况下，草莓改用平畦种植后，畦面高度为 10～15 厘米，较传统高畦栽培模式降低 1/2 以上，亩用水量为 102 吨，低于传统高畦栽培模式 168 吨的用水量，单位面积灌溉用水量可节省近 40%；人工成本比传统高畦栽培可减少 2/3；平畦保水性优于高畦。

但平畦栽培对于后期人工操作管理及病虫害防控带来一定的影响。定植畦做成沟宽 30 厘米、畦面宽 70 厘米、畦面高 10 厘米的平畦，将畦面用平耙整理成中间略高的瓦垄形。

温室平畦栽培

温室平畦草莓栽培效果

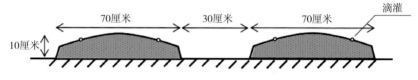

平畦规格示意

2. 无土栽培

无土栽培在现代化种植中比较常见，尤其是在一些土地资源比较稀缺的区域。无土栽培模式具有减轻连作障碍、减少病虫害、节水节肥、高产高效等优点，这也是未来草莓种植领域的主要推广技术模式之一。草莓生产中无土基质栽培模式的应用，不仅提高了生产力，同时在观光采摘、参观交流等现代化都市农业方面起到了良好的促进作用，推动了现代化农业的快速发展，满足了新型农业发展需求。实际应用中无土栽培主要包括水

水培草莓　　　　　　　　　　　水培草莓根系

培与基质栽培，其中水培模式由于管理技术要求和生产成本较高等实际应用较少，多为基地或园区展示示范种植。

基质栽培模式分为 H 形高架基质栽培、A 形架栽培、阿格里斯高架栽培、基质槽栽培、后墙管道基质栽培和空中立体无土栽培等各种模式。高架式分为单一型和复合型，单一型是指高架栽培基质容器只有 1 条或 2 条并靠在同一平面的类型，其最显著的优点就是通透性好，方便种植户管理。但如果想要单位面积产量较高，单一型往往达不到目标，只能通过增加无土栽培装置来达到效果，这就增加了栽培成本。

立柱式无土栽培

不同模式单层高架式栽培

袋式无土栽培　　　　　　　　　墙式无土栽培

（1）H形高架基质栽培

①H形单层架式栽培。采用C形明管作为栽培槽水平支撑杆，塑料膜作为单层栽培槽。每隔一定距离在水平支撑杆两侧用方钢做垂直支撑杆，两侧垂直杆用钢片连接固定，其侧面结构图似英文大写字母"H"。该架式用材简单，制作简易，生产成本低，经久耐用。架间无遮光问题，有利于人工管理，具有省工、省时的优点，是目前应用最多的架式栽培模式。

H形单层架式栽培正面　　　　　　H形单层架式栽培侧面

②H形双层架式栽培。由立柱支架、栽培槽和排水槽组成，栽培槽分上、下2层。该栽培模式比传统地面栽培单位面积增加种植株数40%左右。由于上、下层光照环境不同，下层比上层草莓采收期延后2～4周，能延长果实采收期。

H形双层架式栽培

（2）A形架栽培　A形架栽培草莓栽培架多以三角铁和方管为主，栽培层数一般为2～4层，支架高度在1.4～1.6米。栽培槽多采用等腰梯形，栽培槽底宽18～20厘米，高18～20厘米，上口宽24～30厘米，下设导流板和过滤膜。栽培槽的长度可根据棚室跨度进行设定，支架间距主要根据栽培支架类型和生产实际布置，为增加种植密度，间距可设置为50～70厘米。栽培槽宽度在30厘米以下时，一般选择单行定植，栽培槽宽度在30厘米以上时，可选择双行定植。

A形架栽培

（3）阿格里斯高架栽培　栽培架由骨架、栽培网兜、栽培网兜托管以及果兜安装支架组成，各部件采用塑料卡件连接。骨架采用直径20毫米的镀锌钢管；栽培网兜分为上、下两层，上层位于骨架中间，可种植2行草莓，下层位于骨架两侧，各种植1行草莓；栽培网兜托管采用直径15毫米的镀锌钢管，用于固定支撑栽培网兜。上层栽培网兜托管间距33厘米，两侧栽培网兜托管间距19厘米。栽培架宽120厘米，最高处距离地面115厘米。上层栽培网兜下面还装有2根栽培网兜托管，可使栽培网兜内的基质保持水平，水分分布均匀。果兜安装支架位于栽培架的两侧。

优势：阿格里斯高架栽培通过栽培网兜和栽培基质保证草莓根系最佳的生长条件。栽培网兜底部5厘米以下覆盖有纳米膜和无纺布膜，防止肥料从底部渗出，能保证根系的养分，防止灌溉时养分渗漏；当肥料超过一定浓度的时候，肥液从侧方渗出，防止盐害，同时具有较好的保水性，节水节肥。专用配比肥料使草莓品质高于传统栽培，果实糖度14%～17%。节省人工、降低劳动强度，采摘更便捷，可实现草莓提质增效。特色果兜设计，用于承托果穗，可避免高架草莓种植果穗在生长过程中被果实重量

阿格里斯高架栽培

压折，影响草莓产量，还起到保持果实清洁，方便集中采收的作用。通风透气条件好，可降低果实周边湿度，增加果实的硬度。果实与叶片分离，保证果实光照充足，着色均匀，病虫害防治时，可尽量避免果实上粘药，提高果实的安全性。

（4）**基质槽栽培** 栽培槽的材质选用和适合的样式容积成为草莓栽培高效高产的关键。目前的栽培槽类型主要有聚氨酯泡沫栽培槽、硅酸盐板栽培槽和泡沫架栽培槽等，这些栽培槽在草莓发展过程中均起到了非常重要的作用。

目前使用的草莓基质槽分为大槽、中槽和小槽。大槽上口 45 厘米，下底 35 厘米，高 30 厘米；中槽上口 33 厘米，下底 25 厘米，高 25 厘米；小槽上口 27 厘米，下底 15 厘米，高 20 厘米。也可以通过在栽培槽底部铺设不同厚度的陶粒来改变栽培槽的容积大小。

基质槽栽培

目前用得最多的是聚氯乙烯栽培槽，该栽培槽用 PVC 材料一次加工成型，具有承载量大、结实等优点，节水节肥明显；特别是能够做到 1 周只浇 1 次水，让草莓充分积累糖分。

（5）**后墙管道基质栽培** 后墙管道基质栽培充分利用了后墙闲置空间。在后墙上安装钢架结构，用于固定水平栽培管道（常见为 PVC 管）。栽培管道需要以实际空间情况进行设置，通常可以安装 3～4 排。要求管道间距大于 50 厘米，最低层管道应距地面 50 厘米以上。使用的 PVC 管要求直径不小于 16 厘米，保证上部截面宽 10 厘米左右。后墙管道基质栽培能够大大提高设施内空间利用率、增加单位面积经济效益，近几年深受草莓种植者的青睐。可将这种栽培模式与其他栽培模式结合使用。

（6）**空中立体无土栽培** 草莓空中立体无土栽培技术主要采用吊挂的方式，其主要优点在于能充分利用空间与太阳能，便于操作与管理，而且能轻松调节栽培槽坡度，易于灌溉液的回流；缺点是需要使用重量较轻的栽培介质，灌溉管理需要精细化。该栽培方式按操作形式不同又可分为固定吊挂式立体无土栽培与可升降吊挂式立体无土栽培。固定吊挂式立体无土栽培一般采用钢丝绳吊挂栽培容器，吊挂高度控制在 1.2～1.6 米。可升降吊挂式立体无土栽培比固定吊挂式立体无土栽培光照利用率要高。在固定吊挂式无土栽培中，草莓植株处于同一个平面，不同区域草莓早晨与晚上接受的光照有所不同，而采用可升降吊挂式立体无土栽培，不同栽培槽的高度都可以控制，可使无土栽培槽在太阳辐射方向形成上升梯度，因此每槽的草莓都能接受较好的光照条件。

后墙管道栽培　　　　　　　　　　后墙管道基质栽培果实采收

空中无 土栽培

3. 土壤和基质搭配栽培

（1）半基质栽培　半基质栽培是在基质栽培的基础上进行的改进，将基质栽培与地栽的优点相结合，充分挖掘土壤与基质优点。该栽培方式栽培槽呈梯形，下底宽 0.6 米，上底宽 0.4 米，地上部高 0.35 米。

栽培槽内的栽培介质由 2/3 的土壤和 1/3 的基质组成，土壤置于下层，基质置于上层。土量太少，基质使用量就会增多，会增加栽培成本。采用半基质栽培技术，上层基质可保证良好的通透性，下层土壤可以起到很好的蓄水作用。施肥后，水分和营养物质保存在下层土壤中，根系根据自身特性，很容易下扎，从而达到了稳定根系的目的。还可以有效防止微量元素不足或过量对草莓所造成的伤害。

此种栽培技术较常规的基质栽培减少了基质的使用量，可以将原有土壤作为栽培槽用土回填，进一步减少农民对水肥的投入，降低了栽培成本。常见的栽培槽板材有砖、木板、硅酸钙板等。砖体栽培槽具有结实耐用的优势。其缺点是砖体较重，前期搭建过程中投入人力较多；同时砖体较宽，

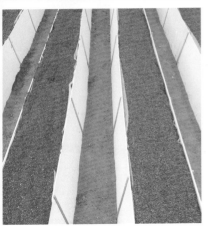

半基质栽培建设与栽培效果

减少了单位空间使用率，从而影响农户经济效益。木板栽培槽具有轻便、易于安装、前期投入少等优势。其缺点是木板遇水易变形、耐腐性差；高温干旱情况下，板材延展性降低、变脆，易断裂，影响栽培槽使用寿命。硅酸钙板具有轻便、易于切割、安装等优势。同时板材遇水后有良好的延展性，不易断裂，结实耐用；正常情况下能保证 5 年使用寿命，可避免重复打垄，节省劳动力，从而降低成本投入。

（2）超高垄栽培　超高垄栽培是在半基质栽培技术的基础上进行的改进，将半基质栽培与高架栽培的优点相结合，既充分发挥了土壤与基质的优点，又优化了设施高度。该种栽培方式栽培槽呈长方体形，宽度为 0.4

米，地上部高度为 0.8 米，长度根据每个设施的实际情况而定。

三、 按复种作物分类

针对目前草莓产业种植结构单一，防御生产风险能力较低，农民对产量和产值需求日益增长，市民对丰富果蔬产品需求增加，土壤连作障碍造成减产甚至绝收等问题，以增加复种指数，提高水肥利用率，减少病虫害发生，降低生产成本，做好应急保障，促进农民增收，保证草莓产业稳定、健康、可持续发展为目的，开展草莓与多种

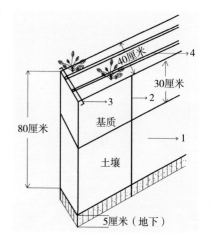

草莓超高垄栽培结构示意
1. 板材 2. 钢架 3. 黑膜 4. 滴灌系统

作物套种、轮作栽培模式和配套高产高效栽培技术的研发，形成较为完善的技术示范推广与应用技术体系和产业体系。

（1）草莓套种洋葱模式 草莓套种洋葱一般选择早熟、耐抽薹、口感脆甜、抗病性强的品种，如紫冠玉葱、中生赤玉、红秀丸等。选择育苗移栽方法，12 月中旬至月底进行育苗，使用 105 孔或 128 孔穴盘进行机械播种，提高作业效率，每穴播种 2～3 粒。洋葱 2 月底到 3 月初，苗高 20 厘米左右，即可定植。

定植时将健壮的洋葱苗定植在草莓畦面中间，单行，株距 20～25 厘米，每亩可定植 1 500 株。一般将一个穴盘孔内的 2～3 株洋葱苗分开单独定植，可在定植时将周边的草莓叶片向两侧压一下，增加洋葱接受光照的范围，浇足定植水。之后以草莓管理为主，洋葱不需要额外的管理工作。定植后 90 天左右即可采收。洋葱鳞茎成熟的标志是约 2/3 的植株假茎松软，地上部倒伏，基部 1～2 片叶枯黄，第三、四叶尚带绿色，鳞茎外层鳞片变干，即可根据需要适时进行采收。

（2）草莓套种鲜食玉米模式 草莓套种鲜食玉米应选择口感好、开花早、生育期短、植株较矮的品种，如美珍 204、中农甜 182 和京科糯 368 等品种。

鲜食玉米 2 月下旬直播或 3 月初移栽均可，定植在草莓畦面中央，单行，株距 50 厘米，可每畦定植也可隔行定植，每亩定植 1 200 株。玉米

草莓套种洋葱模式

生长到 3～4 叶期时必须及时进行间苗，间小留大、间弱留强，确保植株正常生长。鲜食玉米生育期短，授粉后 18～20 天采收为最佳成熟期，即从 5 月底至 6 月底均可采收，此时籽粒含水量 72%，亦可在果穗籽粒略转色或花丝转黑色时及时采收。采收结束后可直接将秸秆粉碎入田，提高土壤有机质含量，改良土壤，改善环境，有利于循环农业的发展。

草莓套种玉米示范

草莓套种鲜食玉米的重要时期为 5～6 月，此时气温白天在 30～35℃，通过温室昼夜通风，使玉米处于最佳温度条件下生长。气温升高，蒸发量增大，浇水是最重要的技术工作，玉米苗株高 1 米以下时控制浇水，中耕蹲苗，使根系充分发育，防止后期倒伏。套种玉米与草莓植株有 50 天左右的共生期，易受蚜虫、二斑叶螨危害，要及时防治。

（3）草莓套种水果茎蓝模式　草莓套种水果茎蓝应选择采收期较长、病虫害少的品种，如克沙克、克利普利等品种。克沙克水果茎蓝在近几年表现较为突出，更适宜与草莓进行套种，因此，推广的主要品种为克沙克。此品种具有晚熟、抗性强、特高产等特点。球茎光滑，平均球重 500～750克，最大可达 5 千克。甜脆爽口，不易糠心，不易木质化，可长期贮藏。

水果茎蓝属于十字花科，国外文献表明，十字花科腐烂后利用太阳能高温闷棚能够对土壤中的病原菌起到抑制作用。因此，结合消费者对特菜的需求，选择水果苤蓝与草莓套种，可以充分利用空间，增加复种指数和单位面积产值。在草莓种植管理的过程中，使用的高钾肥料正好可以满足水果苤蓝的需求，增加水果苤蓝的甜度，改善口感。水果苤蓝作为一种特色蔬菜，采摘期也较长，从第一年的12月可一直持续到翌年的5月，搭配草莓采摘，充分满足了消费者对水果苤蓝的需求。

草莓套种苤蓝

草莓套种水果苤蓝采用育苗播种的形式，主要在棚室的前后脚进行套种。8月中旬进行育苗，9月中旬移栽，株距40厘米，每亩可定植600株。水果苤蓝管理简单，病虫害少，移栽后60～90天即可开始陆续成熟。

（4）草莓套种小型西瓜模式　草莓套种小型西瓜宜选择生育期短、抗病品种，如超越梦想、京秀等，套种时间一般以3月上中旬为宜。西瓜播种育苗后采用单行定植的方式，定植在草莓畦的中间，株距40～45厘米。定植后浇一次定植水。之后与草莓管理一致。小型西瓜采用双蔓整枝，当瓜秧高度约30厘米时，进行吊蔓，将一条主蔓和一条健壮的侧蔓吊起。小型西瓜需要蜜蜂授粉，正好草莓授粉也需要，二者可结合。为防止西瓜过重坠落，通常在西瓜幼果长到0.5千克左右时，开始吊瓜。使用网袋套住西瓜，用绳子固定在架子上即可。授粉后28～36天，即可根据西瓜的成熟程度进行采收。

（5）草莓套种甘薯模式　草莓套种甘薯模式具有以下几点优势：一是能够充分利用设施空间，增加土地利用率，提高种植户收益；二是提高资源利用率，通过甘薯吸收草莓土壤（基质）中过剩的营养元素，缓解草莓日光温室连年种植出现的肥料积累问题，改善土壤（基质）环境；三是达到甘薯提早上市的目的。套种甘薯的上市时间比大田生产提早70天以上，可以填补夏季新鲜薯块销售的空白；四是采收甘薯叶食用，丰富"菜篮子"；五是北方地区日光温室内套种的甘薯可作为露地甘薯种植的种苗。在6月底之前，将棚室内的甘薯蔓剪成具有4～5个节间的茎段，作为种苗种植在露地，节省了露地购苗的成本，达到一苗两用的效果。

甘薯定植的时间通常在3月上中旬，定植品种可选择烟薯25或西瓜

草莓套种小型西瓜

红等口感好的品种。基质和半基质栽培条件优于土壤栽培，但以上3种栽培环境均可套种甘薯。定植时，尽可能将甘薯秧卧栽在草莓畦中间，定植技巧为"一插，二躺，三抬头"，定植株距20～25厘米，合理密植套种可提高产量。定植后，3～5月按照草莓管理要求正常管理，注意预防二斑叶螨。5月草莓拉秧后要注意控水，及时翻秧，不需要额外施肥。7月中旬，在草莓土壤消毒前，即可将甘薯采收。草莓套种甘薯亩用苗量在2 500株，平均单株产量约0.75千克，亩产量在1 875千克，按照平均售价7.2元/千克计算，可实现亩增收13 500元。

草莓套种甘薯

草莓套种甘薯采收

（6）草莓套种鲜食番茄模式　草莓套种鲜食番茄是一种高效套种模式。番茄的栽培优先选择糖度高、抗病性强、中早熟的品种，如京采6

号、京采 8 号、甜脆脆等品种。番茄采用育苗移栽的方式栽培，定植时间在 2 月中旬，苗龄 50 天左右，培育壮苗与草莓进行套种，有利于定植后的缓苗。番茄定植于草莓畦面上即可，株距 40 厘米，隔行进行套种。番茄定植初期，如草莓苗生长过于旺盛，叶片高度高于番茄苗，可在草莓畦两端各插入 2 根竹竿或木棍等，将线绳沿着畦面长度的方向固定在两端，通过线绳将草莓植株向畦的两端拨开，为番茄前期缓苗创造良好的光照和通风条件。2 月中旬定植的番茄大苗，在温、湿度管理得当的情况下，2 月底即可开放第一穗花，此时要及时放入熊蜂或者进行人工辅助授粉，以保证番茄坐果；坐果后 50～60 天，第一穗果即可成熟并进行采收。在此期间，番茄要及时进行疏花、吊蔓、整枝、打杈、去老叶等工作。在第一穗花开放前后，番茄植株长至 8～10 片叶、高度在 30 厘米左右时即可进行吊蔓，吊蔓要及时，以防植株倒伏。草莓与番茄套种时，番茄多采用单干整枝的形式，因此，植株打杈要及时，防止过多的养分消耗影响番茄开花坐果。进入坐果期以后，要及时进行疏花，每一穗花留果 4～5 个即可。在第一果膨大后，可选择晴好天气将番茄果穗上的 1～2 片叶去除，以帮助果实转色。当番茄坐果 4～5 穗时，可根据坐果时间判断是否要进行闷尖。通常情况下，最后一穗花要在 5 月上旬完成坐果。番茄亩用苗量约 1 000 株，5 月上旬可采收第一穗果，7 月上旬拉秧；平均单株可坐果 4～5 穗，平均亩产量在 2 000 千克，平均价格在 16 元/千克，可实现亩增收 32 000 元。

草莓套种番茄　　　　　　　　　　　草莓套种口感型番茄

第5章 PART 5

栽培管理技术

一、 定植前土壤改良与消毒

目前我国设施草莓生产面临的主要问题是连作障碍。连作障碍导致草莓长势势弱、萎蔫死亡，造成减产，严重制约了草莓产业的发展。其主要原因是保护地连年种植导致土壤养分失衡、盐渍化、病原微生物富集、根际分泌物积累产生自毒作用等。

土壤改良与消毒技术在改善土壤理化性质、提高土壤养分含量和作物产量、恢复生态群落结构、防治土传病害方面十分必要。

1. 轮作

轮作是指在同一块田地上，有顺序地在季节间或年间轮换种植不同作物或复种组合的一种种植方式，是用地养地相结合的一种生物学措施。合理轮作有很高的生态效益和经济效益。轮作能够均衡利用土壤中的养分，改善土壤理化特性，增加生物多样性，使土地肥力和土壤环境逐渐改善；避免或减少某些连作所特有的病虫害。轮作还可以促进土壤中对病原物有拮抗作用的微生物的活动，从而抑制病原物的滋生。

制订科学、合理的轮作计划，要考虑病原的寄主范围，轮作作物种类以及年限等。前茬种过马铃薯、番茄或茄子的地块尽量不要种草莓。前茬种过南瓜、黄瓜、辣椒和瓜类的地块次之，这些作物均是黄萎病的寄主。草莓宜选择与十字花科和禾本科作物进行轮作，如与卷心菜或萝卜轮作，种植 30～40 天后，用旋耕机将卷心菜或萝卜粉碎，旋入土壤，此种方法在国外有应用，尤其是对于有机管理的园区，近几年在我国也有应用，或者选择十字花科作物作为有机物料进行土壤改良。

(1) 草莓与萝卜轮作模式 草莓与萝卜轮作应选择生长周期短，长势强，生物量大的品种，推荐品种为大红袍萝卜，通过直播的方式进行种植，最适宜的直播时间在草莓拉秧后，亩播种密度为 2.5 千克，保证较高密度。播种后保证充足的水分供应，保证萝卜快速生长。播种 40 天后，植株地上部长至 40 厘米左右时，可将萝卜充分粉碎旋耕到土壤中。旋耕可同时撒施石灰氮，如果需要施用有机肥可在一同撒施，进行二次旋耕，以保证萝卜残体和石灰氮、土壤充分混合。灌水，保证田间持水量 80%以上，用地膜进行覆盖，将四周盖严压实，保证密闭的环境。同时将设施的棚膜封严，风口关闭，保证设施内和土壤中有较高的温度条件，进行高温闷棚 30～40 天，加强土壤中的还原反应。高温闷棚结束后，在起垄前7 天将棚膜打开散气，进行再次旋耕，准备做畦。

（2）草莓与小白菜轮作模式　草莓与小白菜轮作应选择生长周期短，长势强，生物量大、耐高热高湿的品种，推荐品种为京研快菜8号，通过直播的方式进行种植。亩播种密度为1.7千克，保证较高密度。轮作的小白菜在播种40天后，植株地上部长至30厘米左右时，将小白菜充分粉碎旋耕到土壤中，后续操作和草莓与萝卜轮作一致。草莓与小白菜进行轮作，实质上是通过轮作增加土壤消毒效果，同时可酌情采收部分产品进行销售，采收总量在5%以内对土壤消毒效果基本没有影响。

（3）草莓与玉米轮作模式　北方地区一般种植玉米与草莓进行轮作，或种植豆科作物作为绿肥进行轮作。玉米生长过程中根系吸收的养分与草莓生长过程中吸收的养分不同，草莓与玉米轮作可以利用玉米吸收种植草莓土壤中残留的养分；同时产生的大量秸秆可用来进行土壤消毒，增加土壤中的有机质。与玉米进行轮作的具体方法：上一茬作物拉秧后用旋耕机进行旋耕，使地面平整，用微喷带或者棚室内安装的顶部微喷进行喷灌造墒。为了最大限度地获得秸秆，应合理加大玉米的播种量，亩用种量一般为50千克。将玉米种子均匀撒播，用土覆盖。盖土后使用微喷带进行喷水，浇透为宜。棚室的温度维持在25～30℃，温度太高容易造成烂种。等玉米苗长到5厘米后可适当降低棚室内的温度，控制在25℃左右。在玉米生长期间不施用任何肥料。当玉米长至1.5米左右可用灭茬机将秸秆粉碎还田。

（4）草莓与水稻轮作模式　草莓与水稻轮作是一种可持续的高产高效栽培模式，在养分吸收上两种作物能够互补，在季节上能够交替，既可使草莓品质提高又能使水稻增产。该技术充分利用光热资源提高复种指数和土地利用率，有效地促进了农业产业结构调整，增加了农民收入，实现了经济效益、生态效益和社会效益的和谐统一。为了降低土传病害发生率，

与玉米轮作

与玉米轮作旋耕

南方种植草莓常采用草莓与水稻轮作的模式，北方地区应用较少，但效果较好。草莓与水稻轮作后，表层土壤（0～20厘米）铵态氮含量增加44.3%，盐分含量降低33%，硝态氮含量降低21.23%；根腐病发生率降低8%，有效减少了土传病害，比常规水稻栽培可节约用水50%以上；亩产量平均317千克，可增产15 200元。

草莓与水稻轮作

具体操作方法：在上一茬草莓结束后，将植株及投入品完全清理出棚室，用旋耕机旋地，平整土地。水稻选用早熟、抗病、丰产性好的品种，如长粒香米、稻花香系列。每亩用种量2.5千克，苗龄30天，3月下旬在塑料大棚内育苗，在128孔穴盘内装满草炭育苗基质，每孔放3粒稻种，浇透水，放至苗床，1周后出苗，3叶1心定植。5月上旬插秧，地膜打孔，按20厘米×15厘米的行、株距，每穴3株稻秧带土移栽，亩定植9 000株，定植后浇透水。草莓生产后剩余肥料基本上能够满足水稻生产的需求，无须额外施用肥料。水稻定植缓苗后控水蹲苗10天，促进根系下扎，分蘖期浇水一次，抽穗期8片叶时浇1次水，以后5～7天浇1次水。收割前一周不再浇水，水稻95%以上颖壳呈黄色，谷粒定型变硬，米粒呈透明状即可收割。9月初前水稻收割完毕，稻秧晾晒3天，土壤晒垡，旋地2遍，开始新一轮的草莓种植，稻壳可以用作草莓底肥。

2. 田园清洁与消毒

对于生育期较长的草莓来说，上一茬作物生产后期，设施内会存在各种病原菌和虫卵，有些种植田内白粉病、二斑叶螨、蓟马等病虫害发生严重，影响下一茬种植，也容易扩散到周边其他区域，因此要及时进行田园清洁与消毒。此项工作是草莓定植前的重要操作，同时也是最容易忽视的环节。

（1）田园清洁 及时拉秧，去除老秧、叶片、杂草。清理出的草莓植株就地装进准备好的袋子中，不能随便乱丢，不能遗漏。当天清理的应及时带出种植田，进行无害化处理或者用于沤肥。去除种植草莓的投入品如滴灌管、地膜等，并把塑料产品进行分类，进行集中回收或处理，避免对环境造成污染。

（2）设施消毒　对设施进行全面消毒，药剂可以选择搭配 25% 嘧菌酯悬浮剂每亩 60～90 毫升和 4.5% 高效氯氟菊酯乳油每亩 22～45 毫升喷雾，喷施注意全面彻底。除了上述杀虫杀菌剂，还可以选择以下药剂交替使用，如针对前茬蚜虫危害严重的设施可每亩用 10% 吡虫啉可湿性粉剂 20～25 克或 2% 苦参碱水剂 30～40 毫升，稀释 1 000 倍喷施；防治蓟马用 16% 啶虫·氟酰脲乳油 20～25 毫升，稀释 2 000 倍喷施；防治粉虱用 5% d-柠檬烯可溶液剂 2.5 克/升喷施；防治白粉病等用 6% 嘧菌酯水分散粒剂 1 000 倍液、15% 苯丙·甲环唑悬浮剂 2 500 倍液喷施。

草莓秧清出棚外

喷施前检查棚室的完好程度，并将棚室密闭，对全棚无死角喷施，包括全棚内侧棚膜及墙壁。棚室消毒要配套高效、弥雾效果好的新型施药器械进行，使空气湿度达 70% 左右；喷雾结束后，棚室内呈雾状。关闭棚室门窗和上、下风口，检查棚膜是否破裂，若有破损采用透明胶带修补，确保棚室能够完全密闭，3 天后打开棚室通风。

（3）基质消毒　对于连年种植的基质也需要消毒。采用装袋式基质容器换基质时也需更换塑料内衬。如发生过病害应清洗消毒。可用 10% 甲醛稀释 200 倍，浸泡刷洗再开泵循环对管道进行消毒，最后用清水冲洗。也可采用生物药剂和化学药剂进行消毒。

3. 太阳能土壤消毒

太阳能土壤消毒也被称为高温闷棚，是借助太阳能对棚室和土壤进行消毒的一种方式。一般于 7 月上旬至 8 月下旬进行。太阳能土壤消毒能够降低有害生物种群数量，降低土壤的盐渍化程度。除单独应用太阳能消毒外，也可以撒施有机肥和秸秆，利用其在土壤中发酵产生的大量热能，提高土壤消毒效果，改良土壤。太阳能土壤消毒具有以下优势：一是同药剂处理方法相比操作简单，对人体和环境安全；二是通过淹水和施用有机物，可改善土壤盐渍化程度，增加有机质含量；三是节约成本，需要的投入只是地膜和秸秆等物料，不需其他额外的投入。具体操作步骤

高架消毒

如下：

拉秧清园：上茬作物残株全部拔除并挖出残留在土壤中的根茎，减少土壤中的病原菌。

撒稻草或麦秸、玉米秸：将稻草或麦秸、玉米秸粉碎成1～3厘米长，按照每亩600～700千克的量，均匀铺撒在土壤上，再撒上适量石灰氮。

拖拉机深翻：在铺撒好稻秸、麦秸、玉米秸和石灰氮的土壤上，用拖拉机深翻2遍，使其和土壤土混合均匀，保证土壤疏松。

起垄：在经过深翻的土地上，起30厘米高、30厘米宽的垄，垄距50厘米。

薄膜覆盖：用薄膜把整块地严密覆盖，薄膜最好用整块的棚膜，封膜要反方向压折，保证盖严、盖实，不透气。

灌水：在垄间灌满水，要求水灌到与垄持平为止。

封闭棚室：封严棚室的所有出气口，严格保持密闭性。利用棚膜覆盖与地面地膜覆盖进行双层覆盖，严格保持密闭性，在这样的条件下，地表下10厘米处最高地温可达60℃，20厘米处地温可达40℃以上，杀菌率可达80％以上。

消毒时间：病原菌不耐高温，经过上述处理20天左右即可被杀死，如丝核菌、疫霉等。对于耐高温的病原菌，如根腐病菌、根肿病菌和枯萎病菌等一些深根性土传染菌，必须处理30～50天才能达到较好的效果。因此进行土壤消毒时，应根据实际情况确定消毒时间。一般20～40天为宜。遇到连阴天气可以适当延长闷棚时间。

消毒后覆盖薄膜　　　　　　　　薄膜覆盖完成消毒

4. 石灰氮太阳能土壤消毒

石灰氮太阳能土壤消毒是在太阳能消毒技术的基础上，使用石灰氮（氰胺化钙）对土壤进行消毒的一种技术。石灰氮施入土壤后，与土壤中的水分反应，生成氢氧化钙和氰胺，氰胺水解形成尿素，可直接供植物吸收利用，与水反应生成的液体氰胺与气体氰胺对土壤中的线虫、真菌、细菌等生物具有灭杀作用。翻压在土壤中的有机肥或秸秆，经埋压、覆膜、扣棚，在腐熟过程中产生的热量，加上太阳能的天然热量和石灰氮水解释放的大量热量共同发挥作用，使棚室内温度升高，达到良好的防治土传病虫害的效果。此技术弥补了单纯使用太阳能消毒受外界条件影响较大的不足，同时能补充土壤中的氮素和钙肥，促进有机物的腐熟，应用效果较好。

石灰氮太阳能土壤消毒宜在夏季 7～8 月天气最热、光照最好的时间开展。先将前茬的残留物彻底清出设施。每亩均匀撒施 40～80 千克石灰氮和 600～1 200 千克长度为 2～3 厘米的秸秆，用旋耕机深旋 2～3 遍，将有机物和石灰氮均匀翻入土中（深度 30～40 厘米为宜）。按照高 30 厘米、宽 60～70 厘米起垄，增加土壤表面积。土壤表面覆盖透明塑料薄膜，四周用重物压实盖严，确保密闭。之后的操作与太阳能土壤消毒方法相同。持续 30～40 天后揭开棚膜和地膜，翻耕土壤，加快有毒气体的挥发，晾晒 7 天以上，即可进行草莓生产。

放入秸秆　　　　　　　　　　　秸秆上覆盖薄膜

5. 辣根素消毒

辣根素消毒使用的药剂为 20% 辣根素水乳剂，属于新型植物源熏蒸剂，主要成分为异硫氰酸烯丙酯，可用作食品及仓储防腐保鲜剂、杀虫剂、杀菌剂等。辣根素来源于植物，属于环境友好型化合物，是国际上替代溴甲烷的重要产品，很多国家将其应用于土壤消毒。经试验和大面积示范证明，辣根素可有效杀灭多种微生物、害虫、根结线虫等，对环境安全、无污染，可用于有机、绿色农产品生产。辣根素消毒可分为土壤消毒和棚室表面消毒。

(1) 土壤消毒操作方法　清除上茬植株残体，整地、施肥、深翻土壤 35 厘米以上；安装滴灌设施；用厚度 0.04 毫米以上的无破损薄膜将土壤表面完全封闭，用土将薄膜四周压实。适量浇水，调节湿度，根据浇水方式控制浇水时间，湿度调控在 70% 左右，过干会影响药剂扩散。根据上一茬作物病虫害发生情况，在滴灌时配兑 20% 辣根素水乳剂每亩用量 3～5 升，通过滴灌进行施药，辣根素滴完后保持继续滴灌浇水 1～2 小时；密封 3～5 天后打开薄膜，5 天后即可定植。

温馨提示

辣根素土壤消毒要用滴灌浇相对较多的水，药剂随水渗透扩散达到土壤深层，且一定要做好薄膜的密闭工作。为了使药剂使用更均匀，在进行滴灌施药时，适当调小出药阀门。土壤消毒为定植前的操作，有作物时不能进行，以免出现药害。辣根素为熏蒸型药剂，且有强烈的刺激性，进行消毒时，操作人员应该进行自身防护，如佩戴护目镜、防毒面具等。

（2）棚室消毒操作方法 棚室消毒要配套高效、弥雾效果好的新型施药器械进行。首先清除棚室内茬作物，适当喷水或用滴灌浇水，使棚室内空气湿度达 70% 左右。关闭棚室门窗和风口，检查棚膜是否破裂，若有采用透明胶带修补，确保棚室能够完全密闭。调试准备相应施药器械，可选用常温烟雾施药机、远程机动喷雾器等高效施药器械进行喷雾。使用 20% 辣根素水乳剂每亩 1～3 升，常规消毒每亩 1 升即可。施药时技术人员根据器械施药效率掌握行走速度，从棚内向外均匀喷雾，确保药液全部施完。施药后，密闭棚室 24 小时，次日打开风口，通风 1 天后即可进行农事操作。

6. 化学熏蒸剂土壤消毒

该技术具有见效快、受环境条件影响小、消毒彻底等优点。但是熏蒸剂处理技术对操作人员要求较高，熏蒸剂种类及用量要严格按照规定使用，使用完后要对土壤进行充分晾晒，避免有害物质在土壤中残留，影响草莓生长。

用化学土壤熏蒸剂消毒，熏蒸剂施入土壤后由原来的液体或固体变成气体，在土

消毒完做出芽试验

壤中扩散杀死土壤中能引起植物发病的病原微生物，从而起到防病效果。土壤通透性、土壤温度、湿度等环境条件对熏蒸效果影响较大，要想达到理想的防除效果，土壤通透性要好，这就要求土壤熏蒸前将待处理的地块深翻30厘米左右，整平、耙细，提高土壤通透性。深翻前将要施用的肥料散施在地表上一起消毒。一般情况下土壤相对含水量小于 30% 或大于 70% 对土壤熏蒸效果不好，不利于熏蒸剂在土壤中的扩散。用熏蒸剂土壤消毒前，若土壤太干，可进行适量灌溉，若土壤很湿，可以先晾晒几天，墒情转好时再进行土壤消毒。如果薄膜破损或变薄，需要用宽的塑料胶带进行修补。

使用化学药剂对土壤进行消毒后，注意一定要撤膜晾晒 3～5 天，之后进行翻地排气，以保证药剂气体完全排出。熏蒸后的种植时间很大程度与熏蒸剂的特性和土壤状况有关，如土壤温度和湿度。土壤温度低且潮湿

的情况下，应增加晾晒时间；土壤温度高且干燥的情况下，可减少晾晒时间。有机质含量高的土壤应增加晾晒时间；黏土比沙土需要更长的晾晒时间。如果土壤残留熏蒸剂气体，会对草莓苗产生药害，影响草莓成活。

7. 秸秆原位还田消毒

作物秸秆富含氮、磷、钾、钙、镁和碳源等，已成为一种方便、有效的可再生有机肥资源。且随着劳动力的减少，用工越来越困难。秸秆原位还田可有效改善土壤理化性质，增加土壤有机质含量和矿质养分含量，从而提高作物产量和改善品质。具体方法为当上茬草莓结束后，将地膜和滴管带等投入品撤出棚内，用灭茬机进行旋耕，将草莓秧直接粉碎还田。

草莓秸秆原位还田

二、定植

1. 定植前准备

定植前要做好各项准备工作，包括施肥旋地、遮阳、做畦、安装滴灌设施等操作，尤其是定植前一定要做好洇畦工作。

（1）施肥旋地　草莓生长需要一定量的营养物质，一般土壤中含有的营养物质并不能满足草莓的生长。土壤检测是草莓种植中不可缺少的过程，根据测定结果及草莓不同生长阶段需求决定施入肥料的种类和数量。

旋　地

底肥以有机肥为主，配合施入复合肥。南方地区，有些土壤酸性过大，除施有机肥外，还应增施适量的石灰，以提高土壤的 pH，改善土壤的理化性质，北方地区应适量增加硫黄粉，降低土壤 pH。施肥时最好选择晴天进行，首先施入有机肥，再施复合肥，施肥一定要均匀。施肥后使用旋耕机尽快旋地，不能让肥料长时间暴露在阳光之下，以免挥发。最少旋耕 2 次，旋耕的土壤深度在 40～50 厘米为宜。

均匀撒施硫黄粉

（2）固定遮阳网　北方地区草莓定植正是夏秋季节，外界温度比较高，为了避免做完畦后高温干旱，需要提前在棚室外侧悬挂遮阳网，待定植缓苗后再逐渐去掉遮阳网。遮阳网能够有效减弱光照度，降低棚室内温度，减少土壤水分蒸发，具有较好的保墒作用，一般选择遮阳率在60%～75%的遮阳网。

底肥多定植后造成烧苗现象

（3）做畦 做好环境调控准备后，可开始做畦。一般在定植前 7～10 天开始做畦。在做畦前 1 天用微喷或滴灌等适当进行浇水，使土壤保持一定湿度，土壤湿度以用力攥一把土，土壤能成团，松手后土壤即散为准。经过旋耕后的土壤要立刻做畦。

覆盖外遮阳

利用人工模具做畦时要注意下层的土层要用脚踏实，以保证整个畦面下部坚实，防止降雨、灌溉等引起的坍塌。畦面上部要保持平整，防止产生灌水不均匀的现象。畦面的高度要在 30 厘米以上，避免果柄太长接触地面。

部分棚室使用起垄机进行做畦，大大降低了劳动强度，节省了时间。使用机械做畦要注意后期人工进行畦面的平整和拍实，避免因畦面不整齐造成后期灌溉不均匀。一般畦宽 60～70 厘米，沟深 30 厘米。

（4）安装滴灌 目前草莓种植大部分采用水肥一体化形式进行。草莓生长周期长，要经过低温的冬季，传统漫灌形式不利于草莓根系的生长，因此多采用滴灌方式进行灌溉。

人工模具做畦　　　　　　　机械做畦

设施内做好的畦

　　完成做畦后，应尽快安装好滴灌设备并进行调试，若使用旧滴灌设备，要注意检查是否有堵塞或破损现象，若有及时更换，保证灌水的通畅、均匀。一般根据草莓定植的株距选择安装 10～20 厘米的滴灌带。安装好后开始洇畦，保证草莓定植时土壤湿度适宜。洇畦时通过阀门控制出水量，让水一滴一滴的匀速滴落。待畦面上有明水出现后，关闭阀门，让水慢慢向下方渗漏。隔2～3 小时后再打开阀门，这样反复操作进行洇畦。洇畦时间为 3～5 天为宜，洇好的畦的标准为用铲挖畦面，土壤湿润但不成泥浆状，如果呈泥浆状还需进行控水，否则土壤含水量过高，水下渗后草莓苗周围很容易形成板结，使土壤透气性变差，影响草莓生长；如果含水量较低，会影响成活率。同时再进行一次修畦，保证畦面平整。

　　如遇大雨或连阴雨天气应及时将棚膜放下，避免雨水冲塌畦面。尤其是排水不畅的地方，易出现雨水倒灌的现象，导致很多草莓畦不同程度的

第 5 章　栽培管理技术

按照畦长安装滴灌设备

坍塌。受损的畦面需等雨后土壤含水量下降，土壤不再黏重时进行修补。严重的通过晒地等方法促进水分蒸发。

雨水冲塌畦面

为了提高定植的成活率，在安装畦面滴灌设备的同时安装顶部喷灌设备，定植后使用，既可为植株提供水分又可降低棚室内温度。

2. 定植

（1）定植时间　北方红颜草莓一般在8月中下旬至9月上旬定植。此时，多数生产苗能达到定植标准要求，同时正值北方雨季，土壤水分和空气湿度较大，缓苗快，成活率高。

（2）健壮生产苗选择及分级　生产苗的好坏对草莓的产量和品质至关重要。选苗时，主要看苗外观，重点观察叶片（尤其是新叶）、短缩茎和根系。叶片要求4～5片，绿色，有光泽，无卷曲，2片小叶对称，无黄化，无病虫；有明显的心叶，颜色嫩绿。短缩茎无伤痕，内部无病斑，茎粗0.8厘米以上。根系发达，乳白色至乳黄色，初生根6条以上，根长6厘米以上。草莓生产苗的分级参照P30起苗部分的相关内容操作。

（3）生产苗整理　定植前需要对生产苗进行整理，此环节可以和分级同时进行。目前生产上应用较多的有裸根苗、槽苗和穴盘苗，不同育苗类型的整理方式不同。裸根苗整理相对简单，如果根系和植株叶片适中，可不进行其他操作；如果植株叶片较大且很多，应该在定植时将叶片的1/3～1/2用剪刀剪掉，以减少叶片水分散失；根系太长可用剪刀剪至5～8厘米，也可不进行处理。槽苗在定植前需要将苗相互分开，最好用剪刀将通过基质连在一起的苗剪开，避免在撕拽过程中损伤太多根系。穴盘苗需要将底部的1/4～1/3的基质去掉，同时将下部盘的根系捋顺，将四周的基质用手轻轻捏散，将地上部基部的基质剥离一层，避免定植时埋心。

整理生产苗

（4）消毒　生产苗在起苗、运输、整理过程中会受到一些机械损伤，或者会携带一些病虫。因此，在整理完毕后，应当使用广谱性杀菌剂结合杀虫剂对生产苗进行浸泡处理。具体方法：根据每次浸苗量多少，使用适宜的容器，先用适量水将杀虫剂、杀菌剂稀释成母液，再在容器内将母液按比例稀释成药液。先浸泡草莓的根部，浸泡时间一般在 3～5 分钟，然后将整个草莓植株快速在药液中过一下，之后在阴凉处晾干即可定植。药液要随用随配，及时更换，避免病虫害的交叉侵染。

裸根苗

穴盘苗

营养钵苗

纸钵苗

（5）定植　红颜因长势较强壮，定植的株距一般在18～20厘米，双行"品"字形定植。一般每亩定植6 000～9 000株。定植时提前用打孔器按照标准株距打孔，或者用标记尺提前确定好定植穴的位置，定植穴距畦面两侧边缘约10厘米。最好选择在阴天或者晴天下午进行定植，此时温度较低，植株不容易萎蔫，且夜间温度较低，空气湿度较大，可促进草莓植株充分吸取水分，有利于活化组织细胞，促进植株生长。第二天植株逐步适应外界的温度、湿度，很容易成活。

定植前生产苗消毒

不同模式打定植孔

定植时要注意以下几点：一是栽苗时应注意草莓苗新茎弓背统一朝向固定方向。草莓苗的花序从弓背方向伸出，为了便于管理和采收，需要使每株抽出的花序均在同一方向。一般花序方向应朝向垄沟一侧，使花序伸到畦面的外侧结果。二是注意定植深度。应使草莓新叶的茎基部与地面平齐，使苗心不被土壤淹没，做到"深不埋心，浅不露根"。定植过深，苗心被土壤埋住，易造成烂心死苗；定植过浅，根系外露，不易产生新根。如果畦面不平或土壤过湿，浇水后会出现淤心现象，使成活率下降。因

定植后株距 20 厘米

此，在定植前必须整平畦面，沉实土壤。三是浇足定植水。定植后要及时浇透水，防止失水死苗。浇水的标准是看到畦面出现积水时，停止浇水，第二天再继续浇水，保证土壤湿度。可连续浇 3 天，根据土壤墒情和植株生长状态调节浇水时间和水量。四是浇水后及时查看是否埋心。因为浇水可能会造成植株周围的土向中央淤积，埋住苗心，影响成活率。浇水后应及时观察，发现有埋心现象，用一只手轻轻捏住植株根茎部，轻轻向上提，使心叶露出，另一只手继续将土面压实，避免根系与土壤接触不实。

地栽定植

五是配合使用顶部微喷补水，草莓定植时正值天气较热季节，很容易缺水萎蔫，尤其是裸根苗。此时可配合使用顶部微喷补水，补水的同时可以降低草莓局部温度，提高成活率。如果定植后遇阴天、雨天，可视情况暂停浇水。

高架定植

定植标准（深不埋心，浅不露根）　　定植埋土少导致露根

定植后用水管浇水导致淤心

定植后顶部微喷补水

三、定植后管理

1. 光照管理

定植后视天气情况及缓苗情况调控遮阳网。生产中常见草莓苗成活很好，但撤去遮阳网就会萎蔫甚至死亡，这主要因为植株一直处于遮阳状态下，生长势较弱，因此定植2~3天后可把遮阳网从下向上卷起，卷至距离地面40~80厘米处，促进空气流通。5~7天可将遮阳网逐渐卷起更多，增加光照时间和强度，直至遮阳网完全卷起。如无遮阳网，也可以使用卷放保温被调控光照条件。

定植后用保温被遮阳

2. 及时补苗

在生产中如遇死苗应及时补苗，避免因补苗过晚而导致长势不整齐，不利于统一管理。补苗也最好在下午温度降低后进行，提高成活率。如果存留的草莓苗不足以补苗，也可以采用留取匍匐茎苗的方式进行补苗。选择缺苗处周围健壮的植株，留取匍匐茎苗，待匍匐茎苗长出一心后，就可将匍匐茎苗压在缺苗处。匍匐茎可以一直留着，也可在匍匐茎苗生根后，在距离匍匐茎苗一侧3~4厘米处剪断。匍匐茎苗后期的长势和产量与正常定植的草莓苗相当。

利用匍匐茎苗补苗

利用营养钵苗补苗

3. 植株整理

（1）去除老叶、病叶

当草莓新叶长到3~5厘米时就可以将老叶、病叶去除，注意功能叶片尽量保留。老叶的标准为叶片的颜色明显加深呈深绿色，叶片下垂，叶柄基部明显和主茎分离，叶鞘部分有明显的干枯黄化现象。去除老叶、病叶时最好用剪刀在距叶柄基部10~20厘米处剪断，剩下的叶柄在以后整理时再去掉。如果用手强行掰除叶片会造成较大的伤口，容易受到病原菌侵染。对于那些枯死的老叶，用一只手扶住植株，另一只手抓住老叶轻轻向侧面用力就可以将其去掉。去除的老叶、病叶装在袋子中，一定要及时带出棚室。摘叶后要及时喷药保护，一般药剂选用广谱性杀菌剂。

刚长出新叶

草莓在后续的生长过程中，每7~15天会长出1片新叶，新叶不断产生，老叶不断枯死。摘除叶片有利于通风透光，减少灰霉病的发生，使果实充分见光，加快成熟、转色，口感好。要特别注意畦中央的叶片整理。但摘叶不宜过多，应根据植株长度和叶片情况决定是否摘除，一般一次去叶量不超过3片。若植株长势正常，叶片机能健全，通风透光条件良好，可不摘除叶片。去除叶片最好在晴天上午进行，最晚也在下午3时之前完成，如果太晚，摘叶时所造成的伤口在夜晚低温高湿的环境中很容易受到病菌侵染。

去除老叶、病叶

（2）摘除匍匐茎

缓苗后植株很容易长出匍匐茎，匍匐茎会消耗大量的营养，因此摘除匍匐茎是一项重要的管理措施。除了需要保留的匍匐茎外，其他匍匐茎都要第一时间摘除，此项工作一直持续到草莓生产季结束。

去除匍匐茎 除 草

4. 中耕及清除杂草

中耕是促进草莓苗根系向下生长和促进地上部分健壮生长的关键措施。在缓苗过程中，由于经常浇水，畦面土壤板结严重，透气性差，为此在缓苗后首先要适度中耕。尽量不要在干旱板结的条件下进行中耕，这样会使土壤颗粒较大，容易使根系裸露，造成根系干枯。因此，中耕前适度浇水，使土壤保持湿润以利于中耕。中耕深度要适度，一般2～4厘米，过深容易露根，过浅起不到松土的作用。

定植后，草莓畦长期处于潮湿状态，温度适宜，杂草生长很快。在杂草较小的时候就要将其及时拔除，防止杂草根系较大时拔出毁坏草莓畦。一般除草可在中耕过程中进行。

5. 促成栽培保温措施

促成栽培的主要环节为调控温度，尤其是保温技术的应用尤为重要。可用的保温材料有棚膜、地膜和保温被。温室增温是靠白天阳光照射使温度不断增加。保温过早，温度过高，不利于花芽分化，使坐果数减少，产量下降；保温过晚，植株容易进入休眠状态，使生育缓慢，开花结果不良，果实个小，产量低。促成栽培的保温适期要根据草莓的花芽分化和休眠情况确定，还要考虑栽培类型、地点和经验等因素。

（1）棚膜　缓苗后草莓生长的适宜夜温为 10～15℃，因此当夜温降低至 10℃以下时开始进行扣棚膜保温。一般北方地区在 10 月中旬，南方地区在 10 月下旬至 11 月上旬进行此项操作。棚膜可以起到保温、透光、避风、挡雨等作用。棚室的环境条件主要通过棚膜的开关来调控，尤其是温度。生产上应采用透光性好、防雾、防流滴、防老化、防尘的棚膜，厚度宜为 0.1～0.14 厘米。安装棚膜前应先安装防虫网。选择无风的晴天安装棚膜，要使棚膜绷紧，不得有褶皱，否则棚膜容易滴水。如果在气温较高时安装棚膜，棚膜不宜拉得太

更换棚膜前

紧。因为气温较高时，棚膜易拉伸，当气温降低时，棚膜会出现回缩，导致结点处太紧，这样遇到大风抖动会使棚膜磨损处断开，形成裂口。最后用压膜槽和卡簧将棚膜两侧固定。安装好后，应及时安装压膜线，防止大风对棚膜造成损坏。发现棚膜有小裂缝或洞时，应及时用透明胶带粘补。

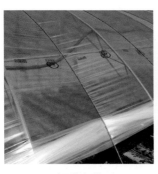

棚膜安装

安装新棚膜后

（2）地膜　一般扣棚膜后 7～10 天，以刚见到花序伸出时铺设地膜。铺设地膜具有提升土壤温度保墒的作用，可以较长时间保持土壤水分稳

定，避免土壤忽干忽湿影响草莓生长。在温度较低的冬季铺设地膜可降低棚室内的湿度，尤其是夜间的湿度。生产上主要采用黑色地膜，也有用黑色白色或黑色银灰色双色膜的。普通地膜是高压低密度聚乙烯薄膜，通常厚度为 0.01～0.015 毫米，双色地膜厚度通常为 0.02～0.03 毫米。黑色地膜是在聚乙烯树脂中加入 2%～3% 的炭黑制成的，对太阳光透过率较低，热量不易传给土壤，增温效果不如无色透明膜，但具有防除杂草的作用。

覆盖地膜   覆盖地膜时掏苗

地膜的选择上也可使用可降解地膜，生态环保。草莓生长季结束后，将可降解地膜和草莓秧直接用灭茬机或者旋耕机还田，无须拉秧和回收地膜，接着用菌剂或者其他化学消毒方式进行土壤消毒和高温闷棚，达到省时省工的目的。也可采用打孔地膜，即膜上有与株、行距等距的定植孔，不用人工破膜，直接从定植孔掏出草莓苗即可；或者使用 3 块膜覆膜方式，1 块在畦面上两行草莓苗中间，剩下 2 块分别覆盖畦两侧边缘处和过道，用夹子夹住 3 块膜衔接处，防止脱落，该方式避免了草莓苗因掏苗造成的茎叶损伤。铺设地膜的同时还可以在高垄两侧地膜的上层，再铺一层具有一定厚度的白色食品级低压聚乙烯垫网，保证果实四面透气，避免黑色地膜因太阳暴晒造成的烫果问题。

铺设地膜前要进行控水，使草莓叶片处于比较柔软的状态，避免在掏叶过程中造成功能叶损伤。覆膜前进行一次中耕，疏松土壤，去除畦面和

覆盖地膜后的效果

打孔地膜应用效果

畦沟内的杂草。混合使用广谱性杀菌剂及杀虫剂对棚室进行一次彻底润毒，主要包括草莓苗、畦面、畦沟等区域，做到全覆盖，无死角。地膜的长度应比畦的长度长，两头多余的部分埋入土中，有利于保温。从草莓苗位置的地膜破洞掏苗，破洞要尽量小。地膜和草莓畦面要紧，防止被风吹起。因此，覆盖地膜后要适当浇水，使草莓畦面湿润，便于地膜紧贴在草莓畦上。

(3) 保温被　霜降过后温度降低，昼夜温差变大，低温季节要使棚内夜间温度保持在5℃以上。如果温度持续低于5℃，就需要覆盖保温被。最好选择外表面具有较好的防水功能且耐老化的保温被；选择外保温层数多，且层与层之间有一定空间的保温被。为了提高保温性能，可把去年用过的旧棚膜放在保温被的上层，旧棚膜和保温被同时卷放，还有保护保温被的作用。室内温度要靠早晚揭盖保温被和中午开关放风口的大小和放风时间来调节，灵活掌握。如揭保温被的时候可以先揭1/3，过半小时再揭剩余的2/3；盖保温被时，可以先盖2/3，半小时再盖余下的1/3。

(4) 灌溉水加温　草莓棚的地温通常要比棚温的下限高3～8℃，生产中的灌溉水多数使用的是井水，而井水的温度因水位的深浅而不同，一般温度较低，直接用于灌溉，会造成土壤温度降低，达不到草莓所要求的地温，对草莓的根系造成很大伤害。可采用蓄水增温的办法，即在设施内建蓄水池或储水桶，先将井水在蓄水池或储水桶中存放1～2天，温度提升后再浇灌。以北京地区为例，日光温室长50米，宽8米，高2.5～3米，储水容器容积2米^{3}即可满足草莓生长需要。储水容器可以选择PE塑料桶。注意塑料桶的颜色一

灌溉水加温

定为深色，如黑色，这样一方面可以防止桶内生长绿藻，另一方面可以提高冬季栽培时的水温。

(5) 二层幕　为了加强防寒保温，提高棚室内的夜间温度，减少夜间的热辐射，还可采用多层薄膜覆盖。在日光温室或塑料大棚内再覆盖一层或几层薄膜，进行内防寒，俗称二层幕。白天将二层幕收起，夜间打开保温。二层幕与棚膜之间一般间隔30～50厘米。二层幕可选择厚度0.1毫米的聚乙烯薄膜，或厚度为0.06毫米的银灰色反光膜，或0.015毫米的聚乙烯地膜。与普通温室相比，使用二层幕可提高棚室温度2℃，并且可降低湿度，达到防治白粉病和灰霉病的作用。

6. 各时期温度管理

（1）扣膜后温度管理　安装新棚膜的棚室温度上升快，棚内温度高，不利于草莓花芽分化，要根据天气情况打开风口通风，一般白天温度保持在 25～28℃，夜间温度保持在 10～15℃。

（2）初花期温度管理　草莓初花期从现蕾到第一朵花开放需要 15 天左右。草莓植株现花后是促成栽培由高温管理转向较低温度管理的关键时期。此时要停止高温多湿的管理，使温度逐渐降低，白天温度保持在 25～28℃，夜间温度保持在 8～10℃。降温可持续 3 天左右，否则会影响花芽的发育，使花器发育受阻。

（3）盛花期温湿度管理　草莓盛花期对温度要求较为严格，应根据开花和授粉对温度的要求来控制温度，白天温度保持在 23～25℃，夜间温度保持在 8～10℃。湿度是影响草莓花药开裂、花粉萌发的重要因素。棚内空气湿度应控制在 40%～50%，因此，排湿是此时温室管理的重要措施，在保证温室温度的情况下，通过调大风口来降低湿度。

自动控制风口开关传感器

（4）膨果期温湿度管理　果实生长发育的适宜温度，白天为 20～25℃，夜间为 5～8℃，较大温差有助于养分积累，促进果实膨大。温度过高，果实发育快、发育期短、成熟早、果个小；温度过低，果实发育慢、成熟晚、果个大。草莓开始转色时温度不要过高，否则转色太快，草莓果实发白，不紧实。转色期白天温度控制在 22～25℃，夜间温度控制在 5～6℃。成熟期要控制温室内的湿度，防止棚膜滴水使果实被水浸湿腐烂。早上可适当晚开棚，防止棚膜表面结冰影响棚内的透光性和保温效果。

风机调控棚室温湿度 三段法调控温度

7. 水肥管理

（1）水分管理　定植后，要保证充足的水分，以提高成活率。判断植株成活的标准为植株无萎蔫，且早晨叶片边缘有吐水现象。一般缓苗时间的长短多与生产苗类型有关，基质苗缓苗快，或者不经历缓苗过程就能直

水分张力计检测土壤含水量

接长出新叶。裸根苗由于经过运输等环节，起苗后根系裸露的时间长，与定植土壤有适应的过程，因此缓苗时间稍长。缓苗后植株开始冒出新叶，为了促进草莓根系生长就要控制浇水。

覆盖地膜后进入到正常的水肥管理，根据天气情况一般 5～10 天灌溉一次，每亩以 2～5 米³ 为主，根据土壤墒情及植株长势情况调整灌溉时间及灌溉量。

①浇水时间。应在晴天上午浇水，这样不仅水温和地温差较小，地温容易恢复，而且还有充足的时间来缓解因浇水导致的空气湿度过大。中午高温时不宜浇水，易影响根系生理机能。傍晚和风雪天也不宜浇水。

②浇水量。小水勤浇为宜。当棚内温度比较低时，浇水次数要尽量减少，浇水量也要小，切忌大水漫灌，以防低温高湿导致草莓沤根。

③浇水温度。在设施内温度上升到 20℃时开始浇水施肥。浇水后将设施棚膜闭合增温，温度上升到 25℃时打开风口排湿。在果实生长期杜绝使用果实膨大素。

智墒监测灌溉

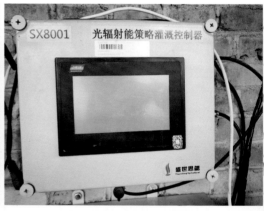
利用光辐射控制灌溉器

(2) 肥料管理 草莓不耐盐，容易产生肥害。底肥施足情况下，缓苗成活前只浇水不施肥。追肥时可搭配氨基酸和腐殖酸功能性水溶性肥料以促根养根。

以北方日光温室为例，肥料供应分为几个重要阶段。

①生根阶段。营养生长时期肥料分 3 次施用，分别为 9 月下旬、10 月中旬和下旬，为花芽分化储能做准备。以平衡型水溶肥为主，辅以硼肥和微生物肥料，以促进新叶和次生根的生长。补充三大元素、中微量元素和生根养根护根类肥料。为了提前花芽分化从而实现早上市，部分农户此

时期选择施用高磷肥，这样会导致膨果期低温下氮肥供应不足。调节花芽分化应以温度和光照为主，不能以肥料为主，否则会影响植株生长平衡。9月下旬正处于定植后3周，大部分植株已经成活，此时可施用生根壮秧剂，或者海藻酸、腐殖酸类功能肥促根养根。10月中旬是控水覆膜后的首次施水肥，可每亩施用鱼蛋白3千克，并叶面喷施钙肥。10月下旬每亩滴灌施用含铁、锌、硼的大量元素水溶肥1.5千克和适量海藻酸，或者微生物菌肥，并叶面喷施钙肥或硼肥。

后期滴灌带堵塞，造成缺水干旱

简易施肥器

比例施肥泵　　　　　　　　　　　施肥系统

　　②促花阶段。肥料分 11 月上、中、下旬 3 次施用。该时期是花期，植株生长旺盛，养分需求量大，施肥以平衡型水溶肥和高钾型水溶肥为主，可在中旬替换成蚯蚓水溶肥，搭配生根壮秧剂，叶面补充含钙、硼及其他微量元素的促花叶面肥。花期空气湿度不宜过大，喷施应不超过 2 次。

　　③膨果阶段。肥料分 12 月上、中、下旬 3 次施用，该时期是果实始熟期，上旬继续促花养根，可选择蚯蚓水溶肥和促花肥，中旬施用高钾膨果肥，下旬施用高钾膨果肥和生根肥。底肥施足的情况下，此后每月只随水施用 1 次磷酸二氢钾水溶肥即可，因为温度回升后植株吸收养分能力加强。

温馨提示

　　草莓缺钙的主要表现为部分植株的新叶前部边缘向叶尖皱缩，边缘呈干枯状，突出症状为幼叶叶缘坏死，萼片尖端坏死，果实着色减慢等。这是因为钙在草莓植株内不容易移动和分配，大量的钙主要分布于叶中，老叶中多，幼叶中少，所以缺钙时嫩叶首先受害。草莓缺钙主要由于土壤中钙元素不足，不能满足植株的需求，或者过度施肥引起盐分过高，尤其是施入的钾肥，过高时会易影响草莓对钙肥的吸收。且钙元素是随着水分运输到植株体内，因此缺水也会引起草莓缺钙。对已出现缺钙症状的草莓植株，一般可在草莓现蕾期、谢花后及果实采收后，喷施 3～4 次氨基酸钙 400～500 倍液。对于大面积发生叶尖干焦的大棚草莓，必要时可以灌水稀释土壤中过高的盐分。土壤施钙主要施硝酸钙、硅钙镁肥或钙镁磷肥等。

草莓生理性缺钙表现

8. 昆虫授粉

在草莓的促成栽培中，昆虫授粉是较有效且应用面积最大的授粉技术。一般使用蜜蜂授粉，也可使用熊蜂授粉。蜂箱应在草莓开花前一周放入，以便蜜蜂能提前适应棚室内环境。将蜂箱在傍晚或夜间搬入棚室，并在第二天凌晨打开放蜂口。一般每亩放置1～2箱蜜蜂，保证1株草莓有1只以上的蜜蜂为其授粉。蜂箱可放在设施的西南角，箱口向着东北角，避免蜜蜂撞到墙壁或棚膜。或将蜂箱放置在中部，注意将蜂箱放蜂口向东，有利于其充分适应温室内的小环境。

蜜蜂在气温5～35℃时出巢活动，最适温度为15～25℃。蜜蜂活动的温度与草莓花药裂开的最适温度（13～20℃）较为一致。当温度达28～30℃时，蜜蜂在温室内的角落或风口处聚集，或在顶部乱飞，超过30℃则回到蜂箱内。因此，当白天温度超过30℃时要进行通风换气，保证蜜蜂顺利授粉。气温长期在10℃以下时，蜜蜂会减少或停止出巢活动，要创造蜜蜂授粉的良好环境，温度不能太低。可用旧保温被将蜂箱四周包起来，留出蜜蜂出气孔和进出通道，保证蜂箱内的温度，增加蜜蜂出巢率，白天要注意防风排湿，放风口要增设纱网，以防蜜蜂飞出。

蜂箱放置位置

熊蜂授粉

（1）**保温**　冬季温度低，蜂箱应离地面 30 厘米以上，并用保温被等保温材料将蜂箱包好保温，有利于蜜蜂繁殖并提高工蜂采集花粉的积极性。

（2）**喂水**　为了保证蜂王产卵和工蜂授粉的积极性，必须适当喂水。为防止蜜蜂落水淹死，给蜜蜂喂水的小水槽中应放些漂浮物，如玉米秸秆等。

（3）**喂蜜**　喂水的同时要检查蜂箱内蜜蜂的食物，当发现缺蜜时要及时用 1 千克蜜兑 100～200 克温水搅匀后饲喂，或者选择白砂糖与清水以 1∶1 的比例熬制成糖水，冷却后饲喂，水分不能太多，防止蜜蜂生病。

（4）**饲喂花粉**　花粉是蜜蜂获取蛋白质、维生素和矿物质的主要来源。草莓的花粉不能满足蜂群的需要时，应及时补充饲喂花粉，否则群内幼虫孵化将受到影响，个体数量不能得到及时补充，授粉中后期蜂群群势就会迅速衰退，导致授粉期缩短，直接影响草莓授粉效果。花粉宜制成花粉饼饲喂。选择无污染、无霉变的花粉作为制作花粉饼的原料。

(5) 药剂危害　药剂防治时，要注意密封蜂箱口，最好将蜂箱暂时搬到别处，以免农药对蜜蜂产生伤害。注意经常查看蜂箱内蜜蜂存活状况，如存活较少，需要及时补充蜜蜂或更换蜂箱。

(6) 改良蜂箱　在实际生产中，可对蜂箱进行简单的技术改造，利用蜜蜂访花的特点，使蜜蜂在访花的同时传播枯草芽孢杆菌。枯草

蜜蜂死亡

芽孢杆菌是一种有益菌，不会对蜜蜂造成伤害，也不会对环境造成污染。通过在箱体的巢门位置增加改良垫，在改良垫片上撒枯草芽孢杆菌，蜜蜂在进出蜂箱经过改良垫片时蜂足会粘满枯草芽孢杆菌，可以达到在授粉的同时传播枯草芽孢杆菌的目的，减少草莓灰霉病的发病率，提高草莓植株的抗性，提升草莓的产量和品质。蜂箱放置好后，在改良垫片上撒好枯草芽孢杆菌，再将改良垫片插入箱体的巢门中，随后进行正常的设施管理即可。

当改良垫片上的枯草芽孢杆菌的量不足时，可以拉出改良垫片，清理掉上面的杂质残渣后，重新撒上枯草芽孢杆菌后放回即可。

9. 疏花疏果

为了提高草莓果实的商品性，在草莓坐果后要及时疏花疏果，以免养分消耗过多。先开的花结果好，果实大，成熟早，而高级次花开得晚，往往不能形成果实而成为无效花，即便形成果实，也由于果实太小，而成为无效果。疏花疏果有利于集中营养，使果实成熟期集中，减少采收次数，提高果实品质，提高商品果率，还可防止植株早衰。

在开花前的花蕾分离期，最晚不能晚于第一朵花开放，疏去高级次花蕾以及株丛下部的弱花序。一般每个花序上保留最大的 1~3 级花果，健壮草莓植株保留 12~16 个果，中等植株保留 8~10 个果，弱株保留 4~6 个果，对于过于弱小的植株疏除全部花果。疏花疏果应当以少量多次为原则，逐步疏除，同时尽量保证尽早疏除，以免消耗营养。回春后草莓果实

开始转色，新叶、侧芽发生很快，这时要从主芽两侧的侧芽中选出 2～3 个侧芽，其余的侧芽及时摘除。侧芽过多影响草莓养分集中供应果实，导致叶片小，植株通风、透光性差，很容易造成花蕾感染灰霉病。

（1）疏花　在疏除小花、小蕾时要注意草莓的挂果情况和植株上的花量，如果植株上花量小就先不要着急疏除，如果花量大就把小花、小蕾摘除。有时会发现大花柱头发黑或果实已经畸形，多由授粉不良造成，要及时疏除，保留较大的花。

疏花前　　　　　　　疏花时　　　　　　　疏花后

（2）疏果　疏果在幼果的青色期进行，即疏去畸形果、病虫果及果柄细弱的瘦小果。每株草莓留果个数依定植密度、土壤肥力等条件确定。土壤肥力较高、植株生长旺盛的地块，可适当多留；土壤肥力低的地块，可适当少留。疏果还要考虑草莓的销售方式，作为礼品销售的果实要求大一些，可以多疏果；以电商途径销售的果实，根据平台统一的标准要求适当留果；若采摘的果实对大小要求不严格，可以实行轻简化管理，少疏果或不疏果。

疏果前　　　　　　　　　　　　疏果后

（3）疏除果枝　结果后的果枝要及时清除，以促进新的花序抽生，改善草莓营养条件和光照条件。每次疏花疏果摘除的花蕾、花、畸形果和无果花序要集中运出园外处理。

及时疏除无效果枝

10. 补充二氧化碳

草莓通过叶片接收阳光并吸收二氧化碳进行光合作用。光合作用是草莓物质生产的基础。

北方日光温室促成栽培，12月至翌年的2月，正值最寒冷的冬季，为增温保温一般情况下放风量较小，放风时间较短，棚室经常处于密闭状态。在掀开保温被后不久，在光照下草莓光合作用消耗大部分二氧化碳，很快使室内二氧化碳浓度低于外界（0.03%），致使草莓光合过程二氧化碳供应不足，影响草莓碳水化合物的合成，制约草莓优质高产。

棚室增施二氧化碳能较大幅度地刺激叶片叶绿素形成，使叶片功能增强，光合速率提高，进而使大果率增加，果实糖度和糖酸比提高。

因此，在温室内二氧化碳浓度低于室外二氧化碳浓度之前，应使用二氧化碳发生器补充二氧化碳，使二氧化碳浓度保持在700～1 000毫克/千克2～3小时，以维持光合速率。常用袋装的碳酸氢铵和催化剂混合（袋式二氧化碳发生剂）以补充棚室内二氧化碳浓度。使用时将二氧化碳缓释催化剂倒入二氧化碳发生剂袋中，充分混匀，封闭袋口，按照袋上的标示，在袋上打4个孔，之后均匀悬挂在棚室内。每亩悬挂20袋，悬挂在草莓植株上部50厘米处。在白

悬挂袋式二氧化碳发生剂

钢瓶释放二氧化碳

天阳光照射下，袋式二氧化碳气体发生剂可自动产生二氧化碳气体，晚间无太阳光则不产生或少产生。目前市面上已有成套的二氧化碳发生装置销售。

温馨提示

在田间使用过程中，种植者由于不是很清楚袋式二氧化碳气体发生剂的使用原理，容易出现了如下几个误区，应引起重视。

二氧化碳缓释催化剂与二氧化碳发生剂混合不匀，袋中可见白色缓释催化剂成分，二氧化碳发生量少，且出现严重氨气味，会对草莓的生长造成一定影响；二氧化碳发生剂袋不打孔或不封口，不利于二氧化碳发生剂作用的发挥；二氧化碳气体发生剂袋悬挂位置不妥，挂在前墙或后墙处均不利于二氧化碳在棚内的释放；二氧化碳气体发生剂更换不及时，二氧化碳发生剂的有效期一般为 30 天左右，当二氧化碳气体全部释放，袋内只剩下少量黏土物质的时候，需及时更换二氧化碳发生剂。

11. 采收

果实

（1）成熟度　草莓果实在成熟过程中，果实的内含物质也会发生变化。果实在绿色和白色时没有花青素，果实开始着色后花青素含量急剧增加。随着果实的成熟，含糖量增加，主要是葡萄糖和果糖的含量增加。草莓果实中的酸，大部分是柠檬酸，其次是苹果酸，随着果实的逐渐成熟，草莓果实中的含酸量急剧下降。草莓的品质主要体现在草莓果实的糖酸比上，有的草莓用仪器测量时糖度较高但口感不一定甜，可能是含酸量高。草莓最佳的糖酸比是12～14。草莓果实中维生素C的含量较高，每百克果肉约含80毫克，为一般水果的5～10倍。维生素C在未成熟的果实中含量较少。随着果实的成熟其含量增加，完全成熟时含量最高，而过熟的果实中含量又减少。为了保证草莓品质，一定要把握好草莓采收时期。

确定草莓采收成期的最重要指标是果面着色程度，也就是着色面积。此外，还可通过观察果实硬度确定草莓采收期，果实成熟时浆果由硬变软，并散发出诱人的草莓香气，采收应在果实刚软时进行。草莓适宜的采

采收

收期要依据温度环境、果实用途等因素综合考虑。红颜品种一般在 7～8
即可采收，9～10 成熟的口感最好。

(2) 成熟天数　果实的生长天数也可作为确定采收期的参考指标，但
由于草莓果实成熟天数是以积温计算的，不同采收期气温不同，果实成熟
所需天数也不同。草莓开花至成熟所需的天数主要由温度决定。温度高，
所需时间短，反之则时间长。在促成栽培条件下，10 月中下旬开花则大
约 30 天成熟；如 12 月上旬开花，果实发育期较长，约需 50 天成熟；5 月
开花到成熟只需 25 天。

(3) 采收频率　草莓的一个果穗中各级果序果实的成熟期不一致，因
此必须分批、分期采收。采收初期每隔一两天采收 1 次，盛果期要每天采
收 1 次。草莓采收必须及时进行，否则果实过熟会腐烂，还会影响其他未
成熟的果实膨大成熟。

(4) 采收时间　草莓采收最好在晴天进行，宜在早晨露水已干至上午
11 时之前或傍晚温度较低时进行，温度高或露水未干时采下的果实易腐
烂和碰伤。

(5) 采收步骤　草莓采摘时要小心仔细，不能乱拉乱摘，应用大拇
指和食指轻轻掐住草莓果的中下部，然后向相反的方向折草莓果柄，使
草莓在果柄和萼片在离层部分分离，尽量不要带果柄，否则在包装时
果柄容易扎伤草莓。不能硬采、硬揪，以免碰伤果实。对病虫果、畸
形果和碰伤果应单独装箱，不可混装。采收所用的容器要浅，底要平，
采收时为防止挤压，不宜将果实叠放超过 3 层，采收容器不能装得
过满。

12. 包装

草莓为节日型高档果品，果实柔软、不抗挤压碰撞，所以一定要重视
采后的包装质量，良好的包装可以保证产品的安全运输和贮藏，减少产品
间的摩擦、碰撞和挤压造成的机械损伤，同时减少病虫害的蔓延和水分蒸
发，保护草莓的商品性。

(1) 包装步骤　摘下来的草莓要统一放到包装车间进行分级包装。没
有包装车间就要用包装盒一次性装好，不要倒箱重装。采收后应按大小、
着色、果形等进行分级。装盒时，应轻拿轻放，边装边分级，剔除霉变
或破损果实，并把同级果实放入同类包装盒中，将果实萼片朝下或向一
侧摆放整齐。包装盒应置于阴凉处，避开太阳直射。

为了减少二次损伤，从采收到分级包装到运输至销售地点，最好不
要倒箱。草莓的包装要以小包为基础，大小包装配套。一般商品包装小

盒装 300～400 克为宜，12～16 枚果。小盒内的草莓码放要按一定顺序和方向来放置，切忌装得太满或太松，以免合盖挤压或碰撞造成果实损伤。

（2）包装选择　长距离运输包装应尽量采用纸箱，因为纸箱软、有弹性，也有一定的强度，可以抵抗外来冲击和振动，对草莓有良好的保护作用。采用泡沫箱，也可以对草莓果实起到直接的保护作用，同时还可以起到保温作用。在运输起点经过预冷的草莓，利用泡沫箱可以保持相对较低的温度运输到市场或消费者手中。

贮藏包装应视贮藏期长短和方式的不同选择用塑料箱、木箱、纸箱等，箱中放入内衬聚乙烯塑料薄膜或打孔塑料袋，将包装箱分层堆放，包装箱容量不要太大。销售包装应选择透明塑料薄膜袋、带孔塑料袋或网袋包装，也可放在塑料或纸质托盘上，再覆以透明薄膜，创造保湿保鲜的小环境，起到延长货架期、增加商品美观度的作用，便于吸引顾客和促销。

接下来介绍几种常见的草莓包装。

塑料盒包装：由于草莓质软、多汁水、怕挤压，可以采用带有透气孔的塑料盒搭配塑料袋进行包装；在塑料盒和塑料袋印上公司图标，独特而具有品牌性。

纸盒包装：硬质纸盒包装质轻、方便、美观，可供应少量购买、赠送亲朋好友的顾客。但草莓多汁，时间长会沁透盒壁，所以该包装不适合远距离运输。

纸箱包装：承装量宜控制在 1 千克～1.5 千克，可供应购买量较大的顾客。

水果篮包装：水果篮精美、透气且果篮可以重复使用。

草莓包装

13. 贮藏

鲜果采收后进行贮藏前，应先去除烂果、病果、畸形果，选择着色、大小均匀一致，果蒂完整的果实，放入冷库做预冷处理。

（1）冷藏贮藏 库内收获专用箱应成列摆起排放，两列之间间距大于15厘米，库内冷风直接吹到的位置不宜放置收获箱，以防草莓果实受冻。库内空气相对湿度保持在90%以上，温度保持在5℃左右，勿降至3℃以下。4～5月气温升高，库内温度可维持在7～8℃，适当提高温度可减少草莓装盒时结露。入库后2小时内尽量不启动库门。收获时如草莓果实温度达15℃，要在预冷库内放置2小时以上，才能使草莓果温度降到5℃左右。

（2）气调贮藏 提高草莓贮藏室二氧化碳浓度可以达到保鲜的目的。贮藏中用干冰提高二氧化碳浓度，可使草莓的贮藏寿命和货架期延长，如在包装箱外罩塑胶膜，把箱内二氧化碳浓度提高到21%，果实腐烂率可减少50%，但二氧化碳浓度不宜超过30%，否则草莓会出现酒精异味。用特制果盘盛装优质草莓，果盘要用0.04毫米厚的聚乙烯薄膜袋套好、密封，置于温度0～0.5℃、相对湿度 85%～95% 的环境中贮藏。袋内补充二氧化碳气体，在此条件下，草莓可保存 2 个月以上。

14. 运输

在采收和运输过程中，草莓极易受损伤和受微生物侵染，导致腐烂而失去商品价值，因此，运输时应选择最佳路线，尽量减少震动。最好用冷藏车进行运输，如无冷藏条件，也可在清晨或傍晚气温较低时装卸和运输。运输工具必须整洁，并有防日晒、防冻、防雨淋的设施。

四、 控制植株旺长

草莓果实受收一茬后，随着外界温度逐渐升高，棚室内地温逐渐提高。3月初开始棚室内白天最高温度会高于 25℃，夜间最高温度会高于 10℃，地温会高于 15℃，此时草莓植株上果实少，容易出现旺长情况。

1. 旺长表现

植株高度高于 30 厘米，新出叶片与地面呈 45°～90°，呈直立生长状态，叶片较薄，叶柄长度与叶片长度比在 2 以上，且叶片的颜色明显比老叶浅，呈现浅绿色。

2. 旺长原因

（1）品种　红颜为日系品种，主要特点为营养生长特性强于生殖生长，因此随着环境条件的改善，植株从低温的浅休眠状态逐渐进入生长状态，容易造成旺长。

（2）温度　草莓生长白天最适温度为 25～28℃，夜间最适温度为 6～8℃，随着温度的升高，尤其是夜温高于 10℃ 时，植株容易旺长。

（3）肥料　草莓植株有 2 次发根期，早春草莓正处于二次发根期，此时根系能够大量吸收土壤中存留的营养元素，尤其是对氮素的吸收和利用。这一时期多数种植户会给草莓大量施肥，因此容易造成旺长。

（4）生长不协调　草莓果实换茬阶段，营养主要供给草莓叶片，营养生长和生殖生长不协调，因此容易旺长。

3. 解决措施

（1）控温　春节后温度的管理对于草莓的生长至关重要，尽量保持温室内白天温度在 22～25℃，夜间在 6～8℃，促进下一茬花芽分化。可以在白天将上风口两侧的棚膜打开，或者打开下风口进行降温，但在打开下风口时要注意防止虫害的发生，尽量使用防虫网进行隔离。夜间可以采取不放保温被的方式进行降温，或下午不关闭风口。夜温过高，草莓旺长会加重。

（2）**控光**　有条件的可以在中午温度较高时覆盖遮阳网，或在棚膜上喷涂遮阳降温剂来降温。常用的遮阳降温剂有利索、利爽、利凉等产品，遮阳率可达 23%～82%，降温幅度达 3～8℃。使用时按照一定的比例进行稀释，使用喷雾器喷洒到棚膜上即可。

（3）**适度水肥管理**　随着温度的升高，草莓植株的蒸腾作用增强，这时宜采用小水勤浇的方式进行灌溉，不要一次性灌入大量水肥，控制草莓根系对氮素的吸收，一般 5～7 天灌 1 次水，每次用水量每亩 3～6 米³。肥料种类可选用高磷钾肥料，控制氮元素的施入；也可以叶面喷施磷钾肥料如磷酸二氢钾或氨基酸型肥料，抑制植株对氮素的吸收利用。根据植株长势，观察叶片、花和果实的发育情况，适当补充硼、镁、钙、铁等中微量元素，可以配合使用黄腐酸、氨基酸和海藻酸类肥料，提升草莓品质。

（4）**植株管理**　摘除老叶、病叶，每株草莓保留 5～6 片完整的功能叶片，抑制草莓营养生长。合理疏花疏果，依植株形态和长势合理负载，以果控旺，对于旺长严重的植株，每株可保留 7～8 个果。及时摘除匍匐茎，摘除残留的果柄。进行植株整理，促进植株行间的通风透光。

（5）**化学药剂控制**　可以使用含有戊唑醇的药剂，如三唑酮、戊唑醇等进行喷施，既防病又可以控旺。花果期要严格按照安全间隔期用药。

五、 减少畸形果

1. 造成畸形果的原因
由于草莓开花期较长、花量大，很容易受到外界温湿度或昆虫媒介影响，产生畸形果。花期受精良好，可形成正常的种子，果实可正常膨大；受精不良，未受精部位因未能形成种子而无法膨大，就会形成凹凸不平的畸形果，失去商品价值。

畸形果

（1）**肥料使用不当** 畸形果的产生除授粉不良原因外，也可能由肥害造成。有机肥未腐熟就施用、施用量过大或施入根区较近都会引起肥害。比如，氮肥过多时，草莓生长旺盛，生长点处可能同时分化出 2 个以上的花芽，聚集之后易形成扁平的鸡冠果；又如，硼肥不足时，花朵小，易授粉不良，造成果实只有一边膨胀而形成畸形果。

（2）**湿度高** 棚室不及时通风换气，易造成湿度过高，使花药不能开裂，或开裂但散粉不良，花粉粒吸水膨胀破裂，不能进行正常的授粉受精，造成畸形果。草莓花药开裂的适宜湿度为 30%～50%，柱头受精和花粉萌发的适宜湿度为 50%～60%。湿度过低也不利于正常的授粉受精。另外，覆盖普通膜的棚室，膜上易形成水滴，导致水滴滴落冲刷花器的柱头等，影响授粉受精而造成畸形果。例如，在开花坐果期昼夜密闭，棚内形成高温高湿条件，3 月上旬最高温度在 35℃以上，湿度可达 100%，棚内易出现大量水滴，使畸形果率高达 80%。

（3）**低温** 草莓的花器对低温反应敏感，若此期温度低则花药不能散落。12 月至翌年 2 月正值草莓开花坐果盛期，温度骤降时有发生。草莓花落前 2～3 天，若遭遇 1 小时 -2℃的低温，雌蕊会变黑；花后 7 天内的小果经 3 天 -2℃或 1 小时 -5℃的低温后果实会变黑，形成无效果；花前 4～8 天，中等程度的花蕾经 1 小时 -2℃的低温后，花粉的萌发会受阻，从而造成畸形果。

冻害果实及花

（4）**喷药** 花期喷药，甚至喷水也会形成畸形果。如抑菌灵、克菌丹对花粉的萌发有抑制作用。在开花后 1～4 天，喷施抑菌灵，极易产生畸形果，其次是代森锌、克菌丹等。花药开裂散粉时喷施农药，易发生药剂冲刷花器柱头，或农药浓度过高，影响授粉受精；同时花期用药也会杀死访花昆虫等，致使畸形果和无效果增多，坐果率降低，果品变差。

（5）光照不足　自开花 2 周前开始，如遇较长时间阴雨天气，光照不足，会抑制花粉萌发时所需的淀粉积累，从而导致花粉的萌发率降低，进而影响授粉受精与果实发育，引起畸形果的出现。

（6）排水不及时　干旱或排水不良时，果实易裂，导致果肉外露。浇水过量，地下水位过高，排水不畅，换气不够及时，常使花粉萌发和生命力受到制约，昆虫授粉效果不好，受精不良，形成歪扁的果实。

（7）蜜蜂投放不足　草莓棚室中蜜蜂投放量不足，使授粉成功率下降，造成畸形果增加。

2. 解决措施

科学施肥，避免产生肥害和旺长现象等。适时放风，合理调控温湿度。采用无滴棚膜，防止水滴形成。采用滴灌灌溉，要检查滴灌设备，防止漏水冲刷花柱。减少用药次数，防止产生药害。若病虫害较严重，则应注意在花前或花后用药，并注意用药安全间隔期，提倡烟熏剂和粉尘法施药防治病虫害。合理利用蜜蜂或进行人工辅助授粉。

第6章

PART 6

主要病虫害及综合防治技术

一、草莓病毒病

1. 发病原因及特点

草莓主要依靠匍匐茎进行无性繁殖，在长期的繁殖过程中，容易受到病毒的侵染而发生草莓病毒病。主要表现为植株矮化，叶片畸形、失绿等症状，且逐年加重，造成减产、果实品质下降，严重时减产 30%～80%，甚至绝收。草莓病毒病也被称为"植物癌症"，目前已经成为草莓生产中最主要的威胁之一。已发现草莓病毒病种类有 20 多种，其中草莓镶脉病毒（SVBV）、草莓斑驳病毒（SMoV）、草莓轻型黄边病毒（SMYEV）和草莓皱缩病毒（SCV）是对我国草莓造成危害最严重的 4 种病毒，已在世界各地广泛分布。

2. 发病症状

草莓病毒属于潜隐性病毒，植株被一种病毒侵染后，有的并无明显病毒病症状，植株可以正常生长。当植株被几种病毒复合侵染时，植株表现出明显的矮化，株高、叶面积、叶柄长度等指数明显降低。具体显著症状为：叶片畸形，叶片皱缩，三出复叶的 1～2 片小叶较小；叶片变色，

草莓病毒病田间症状

呈现不同程度的斑驳、镶脉或褪绿，叶缘变黄；植株矮化，长势弱。产量大幅降低，畸形果率高，平均单果质量小，含糖量低，风味差，果实表面光泽度差，易感病，贮藏和运输性能下降等。

3. 防治措施

（1）培育无毒壮苗 防治病毒病最根本的方法就是培养和使用无病毒种苗。先要通过茎尖培养法、花药培养法和热处理法等方法获得无病毒原原种苗。获得无病毒原原种苗后，采用无性繁殖方法进行田间扩繁，产生无病毒原种苗和种苗。无病毒种苗在生产中需要2~3年更新一次，在病毒侵染概率高的地区，则需要每年更新一次。在田间观察发现，表现病毒病症状的植株或检测发现携带病毒的植株要及时拔除，减少侵染源。

（2）防控媒介昆虫 病毒病的传播媒介昆虫主要为蚜虫、蓟马、粉虱等，因此，在草莓种苗繁育和果实生产中要做好设施内的媒介害虫防除。设施风口及进出口设置防虫网。育苗前和定植前在设施内亩用20%异硫氰酸烯丙酯水乳剂1.0~1.5升兑水3~5升，以超高效常温烟雾施药机施用；或亩用10%吡虫啉可湿性粉剂20~25克或2%苦参碱水剂30~40毫升，兑水40~50升喷施，彻底杀灭蚜虫、粉虱、蓟马等棚内残存害虫。防治蓟马可亩用16%啶虫•氟酰脲乳油20~25毫升，兑水40~50升喷施；防治粉虱可亩用5%柠檬烯水剂100~120克，兑水40~50升喷施。

二、草莓白粉病

1. 发病原因及特点

草莓白粉病由子囊菌亚门单囊壳属的羽衣草单囊壳引起，为专性寄生菌。病原菌寄生在果实、果柄、叶片以及匍匐茎上，整个生育期均可发生，条件适宜时即可发病，形成白色菌群，且发展迅速，蔓延成灾，损失严重。苗期染病后造成种苗质量下降，抗性降低；花果期染病影响果实品质，导致商品率下降。

病原菌以菌丝体或分生孢子在病残体中越冬和越夏，成为翌年的初侵染源。病原菌借助气流或雨水扩散，从寄主表皮直接侵入，环境适宜可造成重复侵染，加重危害。侵染和传播的最适温度为15~25℃，低于5℃或高于35℃均不发病。该病原菌属低温高湿型病菌，湿度80%以上有利于孢子的产生和反复侵染。保护地栽培，草莓白粉病的发病盛期在2月下旬至 5 月上旬及 10 下旬至 12 月，盛夏季节发病较轻。定植密度过大，管理粗放、通风透光条件差，植株长势弱，不及时把老叶、病叶集中带出棚室等均易导致白粉病加重。温室栽培中，靠近后墙 2 米内的植株最容易且最早发生白粉病，温室前脚 1 米内的植株次之，中间部分发病程度较轻。

2. 发病症状

白粉病主要危害叶片、叶柄、匍匐茎、花、果梗和果实。叶片的背面和嫩叶最先或最容易出现症状，这就需要经常检查草莓的叶片和嫩叶，及早发现，及时防治。发病初期草莓叶片背面产生白色菌丝，逐渐扩大发展成灰白色的粉质霉层，即为病原菌的菌丝体、分生孢子梗和分生孢子。严重时叶片呈现红褐色病斑，叶缘向上卷起，呈汤匙状，该症状是在田间鉴别白粉病的主要症状之一。花被感染时，花瓣变粉红色，花蕾无法开放。

白粉病危害叶片　　　　　　　白粉病危害，使叶片向
上卷曲，呈汤匙状

白粉病危害果柄

白粉病危害果实

幼果感病后不能正常膨大，最终枯萎。果实受害时果面覆盖白色粉状霉层，发育缓慢、硬化，造成果实严重畸形，果实着色不良，失去商品性，严重时果实腐烂。

3. 防治措施

防治草莓白粉病应综合多种措施防治，减少发生率。

（1）农业防治　培育无病种苗，从源头防治白粉病是主要措施之一。种苗繁育过程中，要合理控制栽植密度，定植的母苗和保留的匍匐茎数量要适量，保持良好的通风透光条件，培育壮苗。加强管理，发生白粉病，及时清除病株及病残体，尤其是叶片和果实。

温馨提示

摘除病残体时要轻拿轻放，及时装入袋子中，带出室外集中销毁，避免孢子飞溅，造成二次侵染。

（2）物理防治

高温闷棚：如果在覆盖棚膜后发生草莓白粉病可采用高温闷棚方法进行防治，此种方法安全有效，可避免喷施药剂造成药害及病原菌产生抗性。具体操作：提前关注天气预报，在连续3天晴天的条件下进行此项操作。在棚室中间位置悬挂温度计，注意温度计不要直接暴晒在阳光下，否则会造成高温的假象，影响防治效果。在高温闷棚前先摘除草莓成熟果实，以免高温导致果实变软，腐果。早晨先进行滴灌，浇足水，以免草莓植株在高温密闭情况下失水萎蔫。浇水后打开风口，通风 10 分钟。之后开始密闭棚室风口进行升温。要随时关注棚室内温度，调节风口大小，保持温度在 35～38℃。注意温度一定不能超过 40℃，若高于 40℃，将对草莓造成较大危害。高温闷棚 2 小时左右，之后逐渐降温，恢复正常管理，同样的操作连续进行 3 天。

硫黄熏蒸：在草莓设施栽培中，阴雨天气使用硫黄熏蒸对白粉病可以起到良好的预防和治理作用。一般利用自动控温熏蒸器对高纯度的硫黄粉进行恒温加热，这一过程中硫黄达到一定温度后会升华为非常细小的颗粒，均匀分散在整个设施内，可以有效地抑制空气中以及草莓植株表面的病原菌生长、传播、同时可以在植株的表面形成一层均匀的保护膜，防止其他病原菌侵入。使用硫黄熏蒸最大的优点是可减轻或避免药害的发生，使硫黄小分子能够均匀分布于叶片正、背面，克服了传统喷药不均匀和有死角的问题。同时，与喷雾施药相比，硫黄熏蒸不会增加温室设施内湿度，可有效避免高湿型病害的发生。棚室内每 100 米^2 安装一台熏蒸器，熏蒸器悬挂于棚室中间距地面 1.5 米处，为防止硫黄微小颗粒附着于棚膜导致棚膜硬化，可在熏蒸器上方 20 厘米处设置伞状纸板用于保护棚膜。熏蒸器内盛 20 克纯度 99% 的硫黄粉，傍晚放下保温被，密闭棚室后开始加热熏蒸，每次 3～4 小时，隔天一次。通电前要检查硫黄粉用量，不足要及时补充。硫黄熏蒸对蜜蜂无害，但熏蒸器温度不可超过 280℃，以免产生亚硫酸对草莓产生药害，棚内夜间温度超过 20℃时要酌减用量。

硫黄熏蒸

（3）化学防治 草莓白粉病发生后可选用化学方法进行防治，掌握关键时期用药，保护地栽培的3～5月和10～11月是预防关键时期。应在发病初期及时进行防治，开花后尽量避免使用农药。药剂可选择50%醚菌酯水分散粒剂3 000～5 000倍液，或38%醚菌·啶酰菌悬浮剂37.5～50.0毫升/亩，或4%四氟醚唑水乳剂，每亩50～83克，在发病中心及周围重点喷施，连续防治2～3次，注意轮换用药。最好在晴天上午温度在20～25℃时进行，温度过高、过低都不利于药效的发挥。要将喷雾器的喷头伸入植株内，将叶片的正、反面都喷到，不留死角，同时为了保证喷施效果，最好在药剂中加入黏着剂使药剂更容易附着于植株表面。

三、草莓灰霉病

1.发病原因及特点

草莓灰霉病由孢盘菌属灰葡萄孢菌引起，属于真菌性病害。病原菌常以菌丝体或菌核在病残体组织或土壤中越冬，翌年分生孢子通过气流、雨水或农事操作等途径进行传播，多从植株伤口或枯死部位侵入繁殖。发病最适温度为18～25℃，最适湿度在90%以上，植株表面存在积水时易发生。气温在2℃以下、31℃以上或空气干燥时发病较轻或不发病，是低温高湿型病害。

2.发病症状

草莓灰霉病为系统性侵染病害，叶片、花器和果实均可发病，同时也能侵染叶柄、果柄。病原菌多从基部老黄叶片边缘侵入，受侵染叶片形成V形黄褐色斑，其上有不甚明显的轮纹，上生较稀疏灰霉，严重时叶片焦枯死亡。花易感病，病原菌最初从掉落花瓣的部位或其他较衰弱的部位侵染，萼片基部及花产生红色斑块，花不能正常展开，形成无效花，严重时花呈浅褐色坏死腐烂，产生灰色霉层。果实染病病原菌多从残留的花瓣或果实接触地面的部位侵入，也可从早期与病残组织接触的部位侵入，初期呈水

灰霉病危害叶片

渍状灰褐色坏死，随后颜色变深，果实腐烂，表面产生浓密的灰色霉层。幼果期染病后，果柄开始发红并逐渐向果实方向发展，颜色逐渐加深，到达萼片时在萼片上形成浅红色病斑，形成僵果。潮湿时病果湿软腐化，病部生灰色霉状物，干燥时病果呈干腐状最终造成果实坠落，严重影响草莓产量。叶柄、果柄发病时呈浅褐色坏死、干缩，其上产生稀疏灰霉，严重时叶柄、果柄枯死。

灰霉病危害果柄

灰霉病危害果实

3. 防治措施

草莓灰霉病的发生与环境条件、管理措施等有密切关系。种植密度过大，施氮肥过多，造成植株生长过旺；或者不进行疏花疏叶，光照不足，湿度过大，都有利于病害发生。草莓灰霉病危害严重，发生普遍，因此预防工作十分重要。

(1) 农业防治 清洁田园，在定植前将种植田及周边进行全面消毒，降低病原菌数量；加强管理，避免过多施用氮肥和过量灌水，增施磷钾肥，适当稀植，控制植株过旺生长，保证通风透光良好。保护地采用高垄滴灌栽培，可降低发病率。做好温湿度调节是

灰霉病从伤口侵入

避免草莓灰霉病发生的关键，尽量保持温度在25～28℃，湿度在40%～60%。尤其注意湿度调控，降低湿度的同时要注意保温提温；对于发病的

植株和发病部位，要及时清除并带出棚室集中销毁，避免病原菌传播扩散。

（2）化学防治　药剂选用 25% 嘧霉胺可湿性粉剂每亩 120～150 克，或克菌丹可湿性粉剂 400～600 倍液，每 7～10 天施用 1 次，注意交替用药。草莓灰霉病发生非常严重，整个花序都受到侵染时，无须再施药，可摘除感病花茎，促进新花序产生。

为了在不增加棚室湿度的情况下达到防治病害的效果，可选择在傍晚密闭棚室进行烟剂熏棚防治，尤其是在开花期使用效果更好。

（3）生物防治　在草莓灰霉病发生初期可使用 1 000 亿个孢子/克枯草芽孢杆菌可湿性粉剂 40～60 克等生物药剂防治，主要喷施花、叶片、叶柄及果实等部位，棚室的走道等位置也需要全面喷施，每 7～10 天施药 1 次，连续施药 2～3 次。

四、草莓炭疽病

草莓炭疽病是全世界草莓产区的重要病害，近年来已成为继草莓灰霉病和白粉病之后制约中国草莓生产的第三大病害，能造成草莓减产 25%～30%，严重时减产 80%，严重影响草莓的产量和品质。

1. 发病原因及特点

草莓炭疽菌、尖孢炭疽菌和胶孢炭疽菌是引起草莓炭疽病的主要病原菌，束状炭疽菌也可引起草莓炭疽病，但却很少见。草莓炭疽病病原菌是典型的高温高湿型病原菌，降雨量越大，田间湿度越高，发病越重，死苗率越高。最适侵染温度为 28～32℃、最适湿度在 90% 以上。生产田前期的发病期为 9～12 月。7 月、8 月高温时间长，雷阵雨多，病原菌传播蔓延迅速，可在短时间内造成整片苗死亡，尤其在草莓连作、老残叶多、氮肥过量、植株幼嫩及通风透光条件差的田块发病严重。病原菌常以菌丝体或分生孢子的形式越冬，进入 1 月（低温）后病原菌活动受抑制，停止发病，到 4 月下旬气温上升，当环境条件适宜时，病原菌开始活动，造成危害。草莓炭疽菌大多具有潜伏侵染的特性，刚开始带菌种苗并不表现症状，待有利于病原菌活动的条件出现，就开始生长和扩展，使草莓植株发病。

2. 发病症状

草莓炭疽病主要危害匍匐茎、叶柄和叶片，也可危害托叶、根冠、花瓣、花萼和果实。除引起局部病斑外，还易导致草莓育苗地种苗成片萎蔫枯死；当母苗叶基和短缩茎部位发病后，初始 1～2 片展开叶失水下垂，傍晚或阴天恢复正常。随着病情加重，则全株枯死。虽然不出现心叶矮化和黄化症状，但观察枯死病株根冠部横切面，可见自外向内发生褐变，而维管束未变色。

（1）叶片 叶片若被尖孢炭疽菌和胶孢炭疽菌侵染，则产生浅灰至黑色病斑，似墨水渍，发展迅速；若由尖孢炭疽菌侵染，则病斑不规则，一般从老叶边缘开始发生病斑，属于慢性炭疽病，叶柄、茎部病斑一般呈黑色的纺锤形或椭圆形，直径 3～7 毫米，周围紫红色，溃疡状，略凹陷，上部叶片散生污斑状病斑。

（2）匍匐茎 匍匐茎染病，病斑呈梭形，病斑以上部分萎蔫枯死，当病斑扩展成环形圈包围一周时，湿度高时病部可见肉红色黏质孢子堆。

（3）根 根部染病初期，新叶在晴天午后会出现萎蔫，气温下降后可恢复。但当病原菌由外而内侵入中柱后，整株萎蔫枯死，病株也较难拔出。

（4）花 草莓的花对炭疽病非常敏感，被侵染的花朵迅速产生黑色病斑并枯死。

（5）果 虽然果期炭疽病发生不多，但成熟前的果实对炭疽菌也非常敏感，染病后，产生近圆形黑色病斑，软腐凹陷。

感染炭疽病草莓植株地上部

3. 防治措施

病害发生后防治效果不是很理想，主要以预防为主，阶段性地使用一些杀菌剂有利于防治该病发生。

（1）农业防治 选择优质、无病虫的原种一代苗作为母苗，对草莓棚内外的杂草要及时人工拔除，改善通风透光条件。多雨季节到来之前，在设施外挖排水沟，防止雨水进入棚内淹苗，下雨时棚室的顶风口务必处于关闭状态，侧风口的棚膜下放到适宜高度或者全部覆盖，避免雨水击打种苗；受淹苗地及时用清水洗去苗心处污泥。及时摘除老叶、病叶、枯叶，剪去发病的匍匐茎，并集中销毁；及时引压子苗，当子苗达到预计数量时，用剪刀剪断母苗与子苗连接的匍匐茎，并拔除母苗，促进通风透光。浇水方式采用滴灌，最好不使用喷灌和漫灌方式。利用设施育苗，可以避免雨水对种苗的影响，控制草莓炭疽病的传播。同时，利用基质育苗，也可有效减少土传病害的发生。

（2）化学防治　以预防为主，每隔 7～10 天喷洒 1 次杀菌剂，可在植株整理工作后进行。选择广谱性和治疗性杀菌剂结合使用预防，轮换用药，雨天后要补充用药 1 次。可以用 320 克/升苯甲·嘧菌酯 1 500 倍液或 25% 肟菌酯和 50% 戊唑醇 3 000～4 000 倍液进行叶面喷施预防，发生后可以添加 25% 咪鲜胺 450 克/升稀释 750 倍进行防治，连续用药直至病斑不再扩展。若在花期、果期发生，考虑到用药安全，应该多采用悬浮剂、水分散粒剂类农药进行预防，避免使用乳油、微乳等剂型的农药，每次配药需要加入杀菌性药剂，提升伤口的愈合程度；果期需要摘除病果，因为炭疽病是由内向外发病的病害，如果不摘除病果，病原菌会重复侵染。

五、草莓根腐病

草莓根腐病是多种根部腐烂病害的统称，强调草莓短缩茎部位发生的腐烂病时，称之为根茎腐病。草莓根腐病是一种较难防治的主要土传病害，目前已经发现的草莓根腐病病原菌有 20 多种，给防治工作增加了难度，同时也影响了草莓的品质与产量。在多年连作草莓的地块，严重发生时可造成整个草莓园区的毁灭。近年来，该病的发生具有逐年加重趋势，已成为草莓产业发展的主要障碍之一。

1. 发病原因及特点

大部分草莓根腐病是由多种病原菌复合侵染引起的，这也是该病害难以控制的主要原因，如炭疽菌、丝核菌、拟盘多毛孢、镰刀菌、疫霉等。草莓根腐病的病原菌均属于土传病原菌，可以通过菌丝、孢子在病残体和土壤中存活，属于高湿型病菌，低温高湿环境有利于镰刀菌、腐霉菌和立枯丝核菌的侵染扩繁，地温高于 25℃ 时则不易发病。长期连作栽培下土壤中大量病原菌累积，高温、积水、通透性不好的黏性土壤根腐病发生较重。设施条件下栽培的草莓，地上部一般不表现症状，定植后的缓苗期的根腐病，主要由根茎受损引起，常导致植株萎蔫和大量死苗。

2. 发病症状

（1）炭疽菌侵染症状　由炭疽菌病引起的根腐病称为炭疽根腐病。炭疽菌侵染草莓，可使根冠腐烂、萎蔫，匍匐茎上产生病斑，病斑自内而外呈棕红色，会在匍匐茎上扩散，延续缠绕一周。主要症状是草莓苗新生叶片表现出可恢复性萎蔫，随着病情的扩展，叶片逐渐干枯，最终导致植株萎蔫死亡，根茎切面表现出红褐色腐烂，由外向内扩展，或者有红褐色条纹。

(2) 疫霉侵染症状　由疫霉引起的根腐病称为红中柱根腐病或疫霉根腐病。主要症状是草莓苗下部叶片变为紫褐色，叶缘、叶尖变褐变黄，天气炎热时萎蔫。多数情况下根茎上部先发病，然后向基部发展，或者从匍匐茎残余部分开始发病，被侵染的组织先表现水渍状和浅褐色，而后很快均匀变褐，植株早衰，矮化，根部变软腐烂，从根尖向根茎发展，根部须根呈现褐变腐烂，主根、中柱变红，最终致主根变褐、萎缩严重时植株死亡。整个种植期都可发生，但通常发现在低洼、潮湿处。

(3) 草莓黑根腐病　草莓黑根腐病是由多种土传病原菌引起，主要症状是草莓苗矮小，生长缓慢，须根数量减少，多表现为黑褐色腐烂，根茎横切面维管束褐变、坏死，最终导致整株枯萎死亡。同一地块高密度连茬种植是黑根腐病发生的主要原因。

(4) 丝核菌侵染症状　丝核菌是引起草莓根腐病的重要病原菌，严重影响草莓的产量。丝核菌侵染草莓后，地上部表现为长势弱，植株明显矮小瘦弱；根部严重发育不良，根系短并且数量少，呈黑褐色或黑色，严重时根系坏死腐烂，植株枯死。

(5) 拟盘多毛孢侵染症状　拟盘多毛孢侵染，初期草莓苗叶片上会产生红褐色圆形小斑点，随后病斑逐渐扩展，边缘逐渐变为红褐色，中央呈灰白色。在发病后期，整个叶片呈黄褐色，干枯死亡。湿度较大时，病斑附近可见散生的小黑点，叶片腐烂死亡。

根腐病症状

3. 防治措施

染病初期草莓植株不表现出症状，后期出现萎蔫、枯死现象，为此前期预防是防治根腐病的主要措施。运输带病原菌的草莓苗是草莓根腐病远距离传播的主要方式。因此，应增强苗长势，促进根系发育，在种苗调运时加强病原检疫。

（1）**农业防治** 加强田间管理，及时排水排涝，降低土壤湿度，使草莓的根系有良好的生长环境；注意田园卫生，发现染病植株要及时挖走，集中销毁，对于挖走植株的周围要进行二次消毒后再补种；严禁大水漫灌，宜采用滴灌方式灌溉；根据草莓不同时期所需要的营养合理施肥，施足充分腐熟的有机肥；对土壤进行严格彻底的消毒；选择不带病原菌的健康壮苗生产；改善栽培模式，采取无土栽培模式，如基质袋式无土栽培、立体层架式无土栽培、固定吊挂式立体无土栽培等；实行 4 年以上轮作，与十字花科蔬菜轮作倒茬。

（2）**化学防治** 根据病原菌种类选择不同的药剂进行防治。防治草莓炭疽根腐病应该选择咪鲜胺、苯醚甲环唑、氟啶胺、嘧菌酯、吡唑醚菌酯等杀菌剂；而防治疫霉引起的根腐病一般选择甲霜灵、霜脲氰、烯酰吗啉、氟吗啉等。喷雾与病株穴灌根结合施用，如用 50% 多菌灵可湿性粉剂 500 倍液，或 98%噁霉灵可湿性粉剂 2 000 倍液，或 70% 甲基硫菌灵可湿性粉剂 600 倍液灌根，每株 250 毫升局部灌溉，连续灌根 2～3 次，采用滴灌系统全园防治，每 7 天一次。

（3）**物理防治** 采用高温土壤灭菌，草莓定植前要翻耕土壤，在炎热高温季节，在畦间灌水，用薄膜覆盖 30 天，依靠阳光照射使土壤温度达到 50℃的高温，闷棚进行土壤消毒，以减少土壤中病原物的数量，也可消灭土壤中的地下害虫。

（4）生物防治　目前，利用有益生物防治病原微生物已经成为一种安全、绿色的防治方法，已有多种微生物对草莓根腐病病原菌有拮抗作用，例如枯草芽孢杆菌、地衣芽孢杆菌、多粘芽孢杆菌和荧光假单胞菌等细菌，链孢粘帚霉、哈茨木霉和绿色木霉等真菌。

六、草莓黄萎病

草莓黄萎病是一种土传病害，目前已成为影响、困扰草莓扩大生产的重要病害。

1. 发病原因及特点

草莓黄萎病病原菌为半知菌亚门轮枝孢属真菌，以菌丝体或厚壁孢子或拟菌核随寄主残体在土壤中越冬，可多年存活。带菌土壤是草莓黄萎病的主要侵染源。病原菌多从根部侵染危害，通过维管束向上移动引起地上部发病。种苗繁育过程中，病原菌可通过匍匐茎由母苗扩展到子苗，引起子苗发病。该病发生的适宜温度是 20～25℃，土壤温度在 20℃以上、气温在23～28℃时发病最严重，28℃以上发病轻或不发病，属于低温高湿型病害。土壤温度高、湿度大、pH 低可使病害加重，夏季多雨年份和重茬地草莓黄萎病发生严重，此外土壤过干、多年连作、氮肥施用过多或有线虫危害的地块发生严重。

2. 发病症状

草莓黄萎病主要在匍匐茎抽生期发病，由病原菌根部侵入导致。地上部表现症状为发病幼苗新叶失绿变黄或弯曲畸形，叶片狭小呈船形，复叶上的两侧小叶不对称，呈畸形，多数变硬，黄化，发病植株生长不良、无

黄萎病症状

生气，叶片表面粗糙，无光泽，从叶缘开始凋萎褐变，最后植株枯死。地下根部、叶柄和茎的维管束发生褐变甚至变黑。与健康植株相比，发病植株严重矮化。有时植株的一侧发病，另一侧健康，呈现所谓"半身凋萎"症状。夏季高温季节不发病，心叶不畸形、黄化，与根腐病的区别是根的中柱维管束不变红褐色。

3. 防治措施

草莓黄萎病防治较为困难，重点在预防。

（1）农业防治 防治草莓黄萎病应注重综合防治措施的应用。选择健康母苗进行种苗繁育，苗床应选择未种过草莓的地块；草莓定植后加强栽培管理，采用高垄地膜覆盖以及滴灌等节水栽培技术，浇小水，并注意浇水后及时浅中耕，及时排水，防止土壤湿度过大；施用充分腐熟的有机肥；及时摘除病叶、老叶，发现病株要尽早拔除并将相邻植株同时拔除后深埋或烧毁，以减少病原菌侵染源；无论病区还是无病区，都不宜多年连茬种植草莓，应实行轮作倒茬，草莓与水稻轮作是消灭病原菌的有效措施，以实行3年水旱轮作效果最佳。草莓还可与十字花科和豆科作物轮作；采用基质育苗，可减少子苗与土壤的接触，避免感染。

（2）化学防治 草莓定植后，可选用70%甲基硫菌灵300～500倍液、20%苯菌灵可湿性粉剂1 000～2 000倍液灌根，也可用70%敌克松可湿性粉剂1 000倍液、70%敌磺钠可湿性粉剂1 000倍液、50%多菌灵可湿性粉剂700～800倍液与50%福美双可湿性粉剂500～600倍液或70%甲基硫菌灵可湿性粉剂800～1 200倍液配合灌根，此外，还可用95%噁霉灵3 000倍液灌根，可有效预防草莓黄萎病的发生。侵染初期，可采用70%黄萎绝可湿性粉剂600倍液灌根，还可用1%申嗪霉素悬浮剂500～1 000倍液于发病初期施药，视病害发生情况每隔7天灌根1次，连续使用3～4次。发病后期，可选用20%噻菌铜悬浮剂500倍液、抗霉菌素水乳剂500倍液、45%炭枯净1 000倍液进行灌根。使用化学药剂虽对草莓黄萎病具有一定的防治效果，但是长期使用这些药剂则会使病原菌产生抗药性，使防治效果逐渐降低，同时也会带来一系列危害。除了影响植株根际微生物外，还会对环境造成污染，建议少用化学药剂或与新型高效杀菌剂轮换使用。

七、草莓细菌性角斑病

1. 发病原因及特点

草莓细菌性角斑病也称叶斑病、角斑病、称空心病、断头病。病原为草莓黄单胞菌，是一种生长缓慢的革兰氏阴性菌。草莓细菌性角斑病是随着草莓繁殖材料的引进传播的，病原菌在土壤及病残体上越冬。在田间通过灌溉水、雨水、人和农具的移动传播。从植株局部伤口或下部病叶侵染，或从气孔处侵入致病并传播蔓延。中等偏低的日温（最高温15～20℃）、夜间低温（最低温接近或在0℃以下）及较高的湿度有利于该病原菌的侵染。连作地块、地势低洼、灌水过量、排水不良、植株人为造成伤口或虫伤多则发病重。

2. 发病症状

草莓细菌性角斑病主要危害叶片、果柄、花萼、匍匐茎。初期侵染时在叶片背面出现水渍状浅绿色不规则病斑，病斑扩大时受到细小叶脉所限，呈多角形叶斑，对光观察可见病斑呈透明状，直接观察则呈暗绿色；

细菌性角斑病叶片症状

植株变小　　　　　　　　　　　髓部空洞

叶子正面出现不规则淡红褐色斑点，有黄色边缘，最后病组织死亡、干枯，叶面凹凸不平；叶片潮湿的时候，叶背面的角斑表面会有细菌和细菌渗出液形成的黏稠物，黏稠物干燥后，呈浅褐色漆状，这一表现可将其与其他真菌引起的叶斑病区别开来。在适宜的条件下，花萼也会受到侵染，侵染维管束组织，使病害很难控制，被侵染的植株萎蔫或死亡，但不会引起根茎组织褐变。

3. 防治措施

(1) 农业防治 不从发病地区引种，不在发病地块育苗，避免在地势低、排水不良的地块栽培。进行起垄覆膜栽培，注意通风换气。清除枯枝病叶，减少人为伤口，及时防治虫害。加强管理，苗期小水勤浇，降低地温，雨后及时排水，防止土壤湿度过大。发病地块，下茬种植前清理田园，进行土壤消毒。

(2) 化学防治 每次打叶之后当天及时喷施防治细菌性病害的药剂，重点喷短缩茎；病害高发区可以将劈叶改为剪叶，减少伤口面积；发病初期及时用四霉素和中生霉素防治，种苗或生产苗定植前进行药物蘸根处理，可使用 0.3%四霉素水剂 400 倍液，或 40%噻唑锌悬浮剂 750 倍液，或 12%中生菌素可湿性粉剂 2 000 倍液，定植后用同样的药剂及浓度进行灌根。发病晚期及时拔出秧苗。在草莓结束一茬后将植株清理干净，进行高温闷棚消毒，温度高于 55℃以上可以将病原菌杀死。

八、 草莓叶斑病

1. 发病原因及特点

草莓叶斑病，又称草莓蛇眼病，在我国草莓栽培区广泛发生，草莓蛇眼病病原菌分无性和有性 2 种，前者称杜拉柱隔孢，属半知菌亚门柱隔孢属；后者称蛇眼小球腔菌，属子囊菌亚门腔菌属真菌。该病主要危害草莓叶片且危害老叶居多，初期叶片呈褪绿斑点，后扩散呈紫红色，中央渐褪为灰白或灰褐色，有紫红色轮纹，严重时病斑密布，短时间坏死枯焦。7~25℃条件下，叶斑病易发生和传播。土壤肥力不足或植株长势较弱时，植株容易感病。一般开花结果期较轻，8~9 月较严重。叶片感病后影响光合作用，使植株长势衰弱，抗寒能力下降。

2. 发病症状

草莓叶斑病常发生在草莓生长后期，主要危害叶片，也侵害叶柄、匍匐茎、花萼、果实和果梗。发病初期，叶片开始产生深紫红色小斑点，随着斑点变大，病斑中央变为灰白色，酷似蛇眼。病斑逐渐扩展，斑点连片，形成不规则紫褐色斑块。严重时，可使叶片大部分变成褐色、枯萎，甚至植株死亡。

叶斑病发病症状

3. 防治措施

（1）农业防治　防治该病最好的办法是减少土表和病株上病原菌的数量。冬季清扫园地，烧毁腐烂病叶，生长初期发现少量病叶及时摘除，发病重的地块在果实采收后全园割叶，并进行中耕锄草，将叶片与杂草一并集中烧毁。土壤熏蒸能消灭草莓种植田内的大部分病原菌。草莓生产中加强栽培管理。栽植时不可过密，注意通风。雨季注意排水，防止涝害。通过肥水调控，促使植株生长旺盛，增强植株抗病力。

（2）化学防治　必要时可以使用药剂防治，注意轮换用药。在草莓叶斑病的发病初期，用 50% 肼•锌•福美双可湿性粉剂 1 000 倍液、70% 百菌清可湿性粉剂 500～700 倍液对草莓全株进行喷雾，7～10 天后喷洒第二次，即可达到较好的防效。在草莓定植至温室覆膜保温前，一般进行药剂防治 2～4 次，草莓苗移栽时进行药剂消毒，此后每隔 7～15 天用广谱性药剂喷雾 1 次，药剂一般用多菌灵、甲基硫菌灵、百菌清、代森锰锌、嘧菌酯等，多次使用广谱性药剂喷雾防治，基本上可控制该病的发生。

九、 跗线螨

1. 生物特征

跗线螨又称茶黄螨，是世界性重要的农业害螨，在我国各地均有分布，局部地区受害严重。喜食植株幼嫩部位，以成螨、幼螨和若螨群集刺吸植物汁液危害寄主，被害叶片皱缩、卷曲，症状易与病毒病混淆，果实受害后呈现木栓化或裂果。该螨体型微小，成螨体长 0.2 毫米，危害隐蔽，发生初期不易被发现，以雌成螨在土缝、草莓及杂草根际越冬。在保护地内可常年危害。靠爬行、风力和人为携带传播。成螨繁殖速度很快，18～20℃条件下 7～10 天繁殖 1 代，在 20～30℃条件下 4～5 天繁殖 1 代。繁殖最适温度为 22～28℃，最适湿度为 80%～90%。温暖多湿环境有利于跗线螨的生长发育，危害较重。

2. 危害症状

跗线螨食性杂、寄生植物广。成螨、若螨主要集中在幼嫩部位刺吸汁液，还可危害根、茎、花和果实。受害叶片小、叶柄短、无光泽，呈灰褐色或黄褐色，有油浸状光泽，叶缘向背面反卷、畸形。匍匐茎表面出现细小的刺，受害植株变得矮小。其危害还会使植株出现棕色干花、红褐色果实，根系发育不良等症状。

3. 防治措施

（1）农业防治 铲除周围杂草，清除园内枯叶、病残体及越冬杂草。做好土壤消毒。育苗期间及时摘除虫叶、老叶，集中销毁，减少螨源。从外地引苗加强检疫工作。发生跗线螨可释放加州新小绥螨防治，每亩释放 15 万头，每 30 天释放 1 次。

（2）化学防治 跗线螨很小，在显微镜下也不容易看清楚，因此极难发现。当田间表现症状而被识别时，其种群数量已经处于快速增长阶段，此时采用已有的生物防控手段，如释放捕食螨、绿僵菌等往往为时已晚，防控效果并不理想时应及时进行化学防控。选用杀螨剂进行药剂防治，如用 8%阿维·哒螨灵乳油 3 000 倍液＋5%噻螨酮乳油 2 000 倍液联合防治。在幼苗期就要杜绝传染源。其次移栽成活后要进行 2 次预防，药剂一定要施到心叶，这与防治二斑叶螨主要喷药在叶背的要求不同。

十、二斑叶螨

1. 生物特征

二斑叶螨为世界性重大农业害螨，也是草莓上的重要外来危险性害螨，其主要聚集在叶背危害，受害部位失绿初期呈斑点状，后期叶片大面积褐化，严重时叶片焦枯，甚至整株死亡。二斑叶螨具有寄主广、繁殖力强、世代重叠严重、突发成灾频率高和危害损失重等特点。其雌成螨深红色，体两侧有黑斑，椭圆形。越冬卵红色，非越冬卵淡黄色。越冬代幼螨红色，非越冬代幼螨黄色。越冬代若螨红色，非越冬代若螨黄色，体两侧有黑斑。成、幼、若螨在叶背吸食汁液，并结网，因此得名。二斑叶螨适生温度为 24～30℃，湿度为 35%～55%。高温低湿有利于害螨发育繁殖，长期高湿条件其难以存活。营养条件对螨类的发生有显著影响，一般叶片越老受害越严重，叶片中含氮量高的，受害严重。二斑叶螨目前已经成为设施草莓生产中最常见、危害严重的虫害之一，要做到尽早发现，及时防治。

2. 危害症状

二斑叶螨体型微小，华北地区一年发生 10 余代，以滞育雌成螨在枯枝落叶、土壤或树皮等处越冬，保护地内可周年发生。春季温度达 10℃害螨开始繁殖，首先危害植株下部叶片，再向上部叶片蔓延，数量多时可在叶端或嫩尖上形成螨团。幼螨和前期若螨活动较少；后期若螨则活泼贪食，有向上爬的习性。先危害下部叶片，而后向上蔓延，吐丝下垂或借风力传播。初期叶面出现零星褪绿斑点，严重时遍布白色小点，田间呈火烧状，叶片焦枯脱落，造成植株早衰，结果期缩短，产量及品质下降。

二斑叶螨危害

3. 防治措施

（1）**农业防治**　隔离措施，严格控制人员进出棚室，降低串棚传播概率。棚室门前放消毒垫或撒白灰阻断人为传播途径；操作工具尽量专棚专用，避免交叉传播。加强水肥管理，做到平衡施肥，培育健壮植株。及时摘除老叶、病残叶，增加棚内通风透光性，降低二斑叶螨的发生率。及时清除棚内及大棚周围杂草。

（2）化学防治　覆盖地膜前 7 天左右，进行最后一次劈叶，此时叶片数少，二斑叶螨种群数量也不高，先用化学药剂喷施疑似有二斑叶螨的中心株，可以使用 43% 联苯肼酯悬浮剂 1 500 倍液 + 5% 噻螨酮乳油 1 200 倍液；地膜覆盖后，再用 20% 丁氟螨酯悬浮剂（或 30% 乙唑螨腈悬浮剂）1 500 倍液 + 5% 噻螨酮乳油 1 200 倍液，加强处理 1 次。也可采用 99% 矿物油用水稀释 200 倍喷雾，或加入 1.8% 阿维菌素 2 000 倍液进行喷雾；7 天防治 1 次，连续防治 2 次。也可用 99% 矿物油 200 倍液 + 43% 联苯肼酯悬浮剂 2 000 倍液，或 15% 苯丁·哒螨灵乳油 1 500～2 000 倍液，7 天防治 1 次，连续防治 2～3 次，药剂交替使用效果更好。要尽量避免高温条件下喷施药剂，药剂复配时有乳油成分，乳油最后加入。如果已经发现二斑叶螨，但未出现二斑叶螨吐丝结网或叶背发红的情况，首先摘除草莓底层老叶，每侧芽留 5～6 片功能叶，然后立即使用 43% 联苯肼酯悬浮剂（或 20% 丁氟螨酯悬浮剂、30% 乙唑螨腈悬浮剂）1 500 倍液与 5% 噻螨酮乳油 1 200 倍液复配后，将 85% 以上的叶背湿透。

（3）生物防治　考虑到农产品绿色安全生产，目前国际上一般采用生物防治，主要生防生物是捕食螨类。国内商品化的捕食螨有智利小植绥螨、加州新小绥螨。智利小植绥螨每瓶包装通常是 3 000 只，专一捕食二斑叶螨，效果好，加州新小绥螨除了取食二斑叶螨还可能取食蓟马。

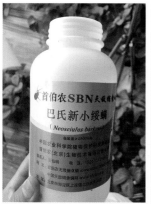

释放捕食螨

　　智利小植绥螨一生经过卵、幼螨、若螨和成螨四个阶段。若螨还分第一和第二若螨。卵期2～3天，从卵发育到成螨在15℃时为25天，20℃时为10天，30℃时为5天，比二斑叶螨的生活史还要短。在17～27℃条件下，雌成螨可存活35天左右，产60粒卵，每天产2～3粒卵，雌、雄比大约为4∶1。智利小植绥螨发现于热带地区，因此没有滞育特性，在设施这样封闭的环境中，一年中都很活跃。使用智利小植绥螨，以每平方米释放3～6头为宜，在二斑叶螨危害中心，每平方米可释放20头；或按智利小植绥螨∶二斑叶螨（包括卵）为1∶10的比例释放。二斑叶螨发生重时加大用量。使用时，瓶装的先旋开瓶盖，从盖口的小孔将捕食螨连同包装基质轻轻撒放于植物叶片上。不要打开瓶盖就直接把捕食螨释放到叶片上，因为释放数量不好控制，操作不当很可能导致局部释放量过大。注意释放时不要剧烈摇动，否则会杀死智利小植绥螨。草莓植株上刚发现有二斑叶螨时释放效果最佳。二斑叶螨严重发生时，间隔2～3周再释放一次。温暖潮湿环境下释放智利小植绥螨效果好，而高温干旱时释放效果差。设施内如果太干，应尽可能通过弥雾方法增加湿度。释放捕食螨前，将老叶和螨类危害严重的叶片摘除，可提高防治效果。释放捕食螨后，注意杀虫剂的使用。

　　草莓低矮，死角较多，药剂不易喷透，且二斑叶螨个体小、抗药性强，导致很多二斑叶螨能躲过药剂的伤害，施药一定时间后再释放加州新小绥螨，可以利用加州新小绥螨消灭残留的二斑叶螨，从而避免二斑叶螨再次发生。购买的加州新小绥螨远距离运输通常会使用泡沫箱或厚纸箱包装。收到加州新小绥螨后，打开包装箱，存放在大棚内，避免阳光直射，不可存放在家或办公室中；不可与农药、化肥混放；存放适宜温度为0～28℃，一般设施内的条件均可达到。收到加州新小绥螨后，尽可能在5天内全部释放。释放时，首先将瓶子横过来，轻轻地转几圈，使加州新小绥螨更多地附着在麦皮上。然后打开瓶盖，撒在草莓叶片上即可。植株较小时，每株草莓选一张较大、平展的叶子，将加州新小绥螨（含麦皮）点施于叶面。已经明显发生二斑叶螨的草莓，每株必须释放3片叶以上。当草莓已经封行，则可以在草莓垄上方撒施，并尽量让它们散落于叶片上。加州新小绥螨释放后，3天内不得进行任何叶面喷雾措施。释放加州新小绥螨的最佳阶段是草莓盖地膜或盖大棚膜后，此时也是草莓的初花期，释放加州新小绥螨可以减少花果期发生严重二斑叶螨的可能，从而减少施药次数和畸形果。

十一、斜纹夜蛾

1. 生物特征

斜纹夜蛾属鳞翅目夜蛾科，是世界性分布的重要农业害虫之一。其幼虫食性杂，取食量大，可严重危害多种作物的叶片、嫩枝和花、果，且具迁飞习性，易暴发成灾。斜纹夜蛾喜欢温暖环境，发生适宜温度为28～32℃、适宜湿度为75%～85%，抗寒力较弱。华北地区，斜纹夜蛾1年发生4～5代，浙江及长江中下游地区常年发生5～6代，华南和台湾等地可终年危害。成虫昼伏夜出，飞翔力强，对光、糖醋液等有趋性。产卵前需取食蜜源补充营养，卵产在植株的中下部叶片背面。

2. 危害症状

初孵幼虫在卵块附近取食叶肉，留下叶脉和叶片上表皮。二至三龄幼虫开始转移危害，也仅取食叶肉。幼虫四龄后昼伏夜出，食量大增，将叶片取食成小孔或缺刻，严重时可吃光叶片，并危害幼嫩茎秆及植株生长点。幼虫老熟后，入土化蛹。在田间虫口密度过高时，幼虫有成群迁移的习性。7～8月是斜纹夜蛾的危害高峰期，对草莓种苗的数量和品

斜纹夜蛾危害

质影响很大。

3. 防治措施

(1) 农业防治 清除杂草，结合田间作业，摘除卵块和幼虫扩散前的被害叶。利用斜纹夜蛾成虫的趋性，采用电子灭蛾灯、性诱剂或糖醋液等诱蛾，压低虫口密度。

(2) 化学防治 三龄幼虫前是药剂防治的适期，可叶面喷施1%甲氨基阿维菌素乳油1 000～1 500倍液。宜在傍晚太阳下山后施药，均匀喷施在叶面和叶背。

悬挂性诱剂

十二、蓟马

1. 生物特征

蓟马为昆虫纲缨翅目的统称，为发生最为普遍的三大害虫（螨）之一，蓟马在不同年份、不同区域呈小规模暴发趋势。在促成栽培中，蓟马通常有两个危害高峰：草莓定植后至冬前（9～10月）、春季气温回升后（3～4月）。近年来，由于草莓栽培技术改良，冬季棚室草莓花芽分化提前，11月下旬蓟马数量有所增长，如防治不及时，会严重影响果实商品性。

蓟马危害叶片

2. 危害症状

蓟马隐藏于草莓植株幼嫩组织部位或花内，以锉吸式口器锉破植物表皮组织，吮吸汁液，常危害顶芽、嫩叶或雌蕊等，导致植株矮小、生长停滞，叶片呈灰白色条斑，皱缩不展，花芽分化不良，花朵萎蔫或脱落，雌蕊变褐，不能结实，果实不能正常着色和膨大，或即使膨

西花蓟马危害花朵

大果面却呈茶褐色，严重影响草莓产量和商品价值。

3. 防治措施

（1）物理防治　科学防治蓟马，首先要切断传播途径，安装60目防虫网、防虫门帘必不可少。可以利用蓟马对蓝色的趋性，在棚内悬挂蓝色粘虫板防治，诱捕成虫效果显著，可有效降低虫口密度，减少用药，绿

悬挂黄、蓝粘虫板防治蚜虫、蓟马

色环保，无污染，操作简便，是一种常用的物理防治方法。在实际应用中，掌握以下3点，对提高诱杀效果至关重要。一是悬挂要早。即不等发现害虫就预先设置粘虫板，可以有效抑制虫口密度增加。二是要注意悬挂高度和密度合理。建议悬挂在植株上方10～15厘米的地方，并且随植株高度及时调整，设置密度视粘虫板的规格而定，一般每亩悬挂规格为25厘米×30厘米的粘虫板30片。三是要及时更换粘虫板。发现板上虫量较多或因灰尘较多而黏性下降时，要及时进行更换，保证诱虫效果。

（2）生物防治　在保护地内释放东亚小花蝽进行生物防治。在蓟马发生初期，选择晴天中午每亩释放800～1 000头，间隔7天，共释放2～3次。

十三、　蚜虫

1. 生物特征

蚜虫属半翅目蚜总科，是草莓生产中常见的主要害虫之一。危害草莓的蚜虫主要是桃蚜、棉蚜和草莓根蚜。蚜虫在草莓植株上全年均有发生，以9～10月及翌年5～6月危害最严重。在温室栽培中，蚜虫以成虫在草莓植株的茎和老叶下越冬，条件适宜时迅速繁殖危害。蚜虫1年可发生10～30代，在高温高湿条件下繁殖速度快，世代重叠现象严重，给防治造成一定困难。

2. 危害症状

蚜虫喜欢吸食草莓嫩尖、嫩
叶的汁液，造成草莓嫩芽萎缩，
嫩叶皱缩、卷曲、畸形，不能正
常展叶，生长不良甚至枯死；蚜
虫分泌的蜜露，污染草莓叶片、
果柄和果实，不但影响光合作用，
对草莓的产量和品质也造成严重
影响。更严重的是，蚜虫是病毒
的传播者，易导致病毒病在草莓
植株之间蔓延。

3. 防治措施

（1）农业防治 在设施的风

悬挂黄色粘虫板防治蚜虫

口处安装防虫网进行阻蚜，管理过程中及时摘除老叶、病叶并带出设施外
销毁，清除设施内外杂草，减少虫源；可以利用蚜虫的趋黄性，悬挂黄色
粘虫板进行诱杀。黄色粘虫板的下端距草莓植株顶端10～15厘米。

（2）化学防治 蚜虫一般有趋嫩性，因此经常在心叶还未完全展开前
出现。在防治过程中要重点关注心叶、嫩茎等部位。常用异丙威熏蒸、
4.5%高效氯氰菊酯乳油1 000倍液喷施和其他菊酯杀虫类药剂防治。除了
于叶背面施用外，还需重点防治心叶或新叶。

蚜虫危害叶片

蚜虫危害果实

蚜虫危害叶柄、果柄

（3）生物防治

可以使用生物天敌防治蚜虫，主要使用异色瓢虫，预防性释放密度为，每1 000～1 200头蚜虫释放1头异色瓢虫，在植株上悬挂卵卡；治疗性释放密度为2～4头/米²，直接释放卵或幼虫，释放位置避免阳光直射。

应用异色瓢虫防控蚜虫

十四、蛞蝓

1. 生物特征

蛞蝓属软体动物门腹足纲柄眼目蛞蝓科，俗称鼻涕虫，其分布广泛，发生较普遍。设施内土壤湿度与空气湿度较大时，易发生蛞蝓危害。蛞蝓通常生活在阴暗、潮湿、腐殖质较多的地方，一般昼伏夜出，在浇水或阴

蛞蝓危害草莓

天后容易出洞。蛞蝓在设施中周年生长繁殖和危害。5～7月在田间大量活动危害，入夏气温升高，活动减弱，秋季气候凉爽后，又开始活动危害。体壁较薄，透水性强，怕光、怕热，对低温有较强的耐受力。

2. 危害症状

夜间取食危害草莓，喜食草莓植株幼嫩部位，特别是成熟后的果实，取食后造成孔洞，并在果实表面形成白色黏液带，令商品性大大降低。

3. 防治方法

在傍晚前，将新鲜、幼嫩的菜叶放置在蛞蝓易聚集的地方，人工捕捉并进行集中杀灭，数量较多时，可在清晨连同菜叶一起带出棚外处理；中耕除草，清洁设施内外，破坏其生长环境；用食用盐、生石灰或草木灰等进行混合深埋，令蛞蝓失水而死亡，采用高畦栽培并覆盖地膜，以减少危害机会；使用除蜗灵颗粒，每隔0.5～1米放5～10粒，对其进行诱杀。

用药剂防治蛞蝓

十五、 金针虫

1. 生物特征

金针虫是鞘翅目叩甲科昆虫幼虫的总称，多数种类危害农作物和林草等的幼苗根部，是地下害虫的主要类群之一。体呈细长条形，金黄色，体表坚韧光滑，故名金针虫，金针虫在土壤中活动能力比蛴螬强。

金针虫成虫

金针虫幼虫

2. 危害症状

在草莓生产中主要危害草莓的根、茎部，有时也蛀果危害，在果实贴近地面的地方蛀孔，影响果实的商品性。

3. 防治方法

一般多采取定植前，结合土壤消毒或旋耕进行防治。一般撒施毒·辛颗粒剂或用毒·辛乳油拌土，均可对土壤中的虫卵达到较好的杀灭效果。草莓生长期要注意清除园内及周边的杂草，消灭草上的虫卵和幼虫。田间发现少量害虫或植株萎蔫或果实被蛀时，可采取人工捕杀的方法；虫量较大，危害较重时，可以采用灌根的方法进行防治，一般每亩使用50%辛硫磷乳油200~300克，兑水500升左右，配成药液进行灌根，每株100毫升，即可达到较好的效果。但是为了保障草莓果实的食用安全，尽量少用药。当发现草莓果实受金针虫危害时，可以用竹竿将草莓果实垫起，离开地面。也可以用麦秸或其他杂物垫在地膜下面，使草莓离开地面，减少金针虫对草莓果实的危害。

十六、蛴螬

1. 生物特征

蛴螬是鞘翅目金龟总科幼虫的总称，是地下害虫中种类最多、分布最广、危害最严重的类群，又称地蚕、白地蚕和土地蚕，属杂食性害虫。蛴螬体肥大，弯曲成C形。老熟幼虫体长30~40毫米，多为白色至乳白色，体壁较柔软、多皱，体表疏生细毛。头大而圆，多为黄褐色或红褐色，生有左右对称的刚毛。成虫对未腐熟的厩肥有强烈的趋性，有较强趋光性。蛴螬终生栖居于土中，一年中活动最适的土壤平均温度为13~18℃，高于23℃或低于10℃逐渐向土下转移。

蛴螬（华北大黑鳃金龟幼虫）

华北大黑鳃金龟

2. 危害症状

蛴螬主要危害草莓地下部的根和茎，造成草莓生长不良甚至死亡，也有食害果实的现象。

3. 防治方法

防治蛴螬的重点时期为定植之前的整地做畦期间，注重田园清洁，不施用未腐熟的肥料等。前茬作物收获后，应及时清理田间杂草，减少地下害虫产卵场所和隐蔽场所。种植前，深翻土壤并暴晒或进行土壤消毒，杀死地下害虫；未腐熟的有机肥和秸秆中藏有金龟子的卵和幼虫，而高温腐熟后大部分幼虫和卵被杀死，因此，施用的有机肥必须经过腐熟，否则易招引金龟子、蝼蛄等取食、产卵；发现植株萎蔫时，可于清晨进行人工捕杀害虫；利用成虫的趋光性，在田间架设杀虫灯进行诱杀。也可将红糖、醋、酒、水按一定比例配成糖醋液，与糠麸拌匀，撒入田间进行诱杀。

十七、 根结线虫

1. 生物特征

根结线虫在通气良好、质地疏松的沙壤土中发生重，黏性土壤发生轻；连作地发生重，轮作地发生轻，水旱轮作可以有效控制其发生。土壤含水量在20%以下或90%以上都不利于根结线虫的侵入，幼虫侵入的最适土壤含水量为70%。使用带虫瘿的病株繁殖草莓苗，易导致此害虫的传播蔓延。

2. 危害症状

草莓根结线虫在草莓根内取食，致使草莓根部细胞变大，并迅速增生，出现肿胀，成为虫瘿或节瘤。受根结线虫危害后，草莓根尖处形成大小不等的根结（虫瘿），剖开病组织可见到大量成团蠕动的线虫。在虫瘿

根结线虫危害

的上部和周围会长出过多的根系，整个根系形成零乱如发的须根团，失去根系生长的活力。线虫活动妨碍植株对水分和营养的摄入，草莓表现为生长衰弱，缺水、缺肥状，生长缓慢，叶片变黄，叶缘焦枯并提前脱落，开花迟，果实生长慢，果实进入成熟期后，病株呈现严重干旱似的萎蔫，轻病株虽能结果，但果实明显变小，成熟推迟，产量减少半数或半数以上。连年种植草莓的大棚，棚内土壤中积累的根结线虫增多。

3. 防治方法

棚室栽培草莓根结线虫病的防治，必须采取综合防治措施，才能取得较好的效果，靠单一措施或只注重药剂防治，都难以防除。

（1）农业防治　实行轮作换茬。轮流种植非寄主植物是减少线虫数量的有效措施，比如大麦、黑麦等。使用合格种苗。种苗引进过程中，首先要注意引种地根结线虫的发生情况，然后对种苗的根系和叶片进行检验，确定有根线虫和叶线虫的要对种苗进行处理。苗圃中的种苗，可用温水浸泡幼株以杀灭附着在其上的幼虫，但不能用于生产苗，因为热水处理会降低生产苗的活性，操作不当会杀死生产苗。加强栽培管理。注意田园清洁。及时清除杂草和残株，一旦在棚室内发现根结线虫危害的植株，应定点进行清除，带出室外处理，这对降低发病基数作用显著。

（2）化学防治　选择定期进行土壤消毒的园地进行生产。多年连续种植草莓的园区，进行土壤消毒是降低根结线虫危害的重要措施。土壤日晒也可以杀灭根结线虫。20厘米以内的土层，保持每天6小时以上土壤温度在45℃以上，可以消灭根结线虫。老病区每亩用1.5～2千克10%噻唑磷颗粒剂或2亿个孢子/克拟淡紫青霉粉剂2千克等整地时混入耕作层防治。发病初期可选用41.7%氟吡菌酰胺悬浮剂6 000倍液，或5%阿维菌素微乳剂500倍液等喷淋定植穴。

十八、生理性病害

1. 氮肥使用不当

氮主要积累在草莓的茎叶中，有促进新茎叶生长，增加叶面积，使叶色浓绿，提高叶绿素含量，增强光合效率、提高坐果率的作用，因此氮是形成产量的前提条件。氮在全生长期内需求量均较大，以果实膨大期吸收量最多，但是否需要补充氮肥，应根据植株分析结果而定。缺氮的外部症状严重程度取决于叶龄和缺氮的程度。一般开始缺氮时，特别是生长盛期，叶片逐渐由绿色向淡绿色转变，随着缺氮的加重，叶片变成黄色，且叶片大小比正常叶略小。幼叶或未成熟的叶片，随缺氮程度的加重，颜色反而更绿。老叶的叶柄和花萼则呈微红色，叶色较淡或呈现亮红色。花朵缺氮变小而瘦弱，果实缺氮而变小。轻微缺氮时田间无表现，并能自然恢复。

氮过量时，植株生长旺，易徒长，长出大量的幼嫩枝叶，叶片变薄而呈深绿色，易感染病害。严重时，下部叶片的叶缘开始变褐干枯，根尖变褐而大部分死亡。氮过多不利于花芽的形成与坐果，一般情况下，越是生长旺盛的植株，花芽分化越迟。氮过多果实成熟晚，畸形果增加，质量差，着色不良，风味劣，贮藏性能下降。

氮素过量造成叶片肥大 　　　　　　　　草莓缺钾症状

2. 钾肥使用不当

钾离子是作物体内 60 多种酶的活化剂，能增强光合作用，促进碳水化合物的代谢，对氮素代谢、蛋白质合成有很大影响。钾能够增加作物体内糖的储备，提高细胞渗透压，从而增加植株抗逆能力。钾肥供应充足的植株叶片在夏季烈日下亦不易失水，并能保持一定的光合速率，而缺钾植株叶片在同样的条件下则易失水萎蔫。钾素又被称为"品质元素"，在果实内的含量比例远高于氮、磷。适度施用钾肥能促进果实膨大和成熟，钾多果实大，糖酸含量均高，有利于改善果实品质。

缺钾的症状多发生在成熟的老叶上，叶边缘出现黑色、褐色和干枯，继而发展为灼伤状，还可在大多数叶脉之间发展，使叶脉和短叶柄产生褐色小斑点，同时从叶片到叶柄发暗并干枯或坏死。缺钾的果实颜色浅，果肉软而无味。缺钾症状多出现在结果之后，补充钾肥可缓解缺钾症状。钾过多时无特殊中毒症状，但会影响植株对其他元素的吸收，如钙。

3. 缺磷

磷与糖类代谢关系密切，直接参与呼吸作物的糖酵解过程。能促进碳水化合物的运转，参与蛋白质和脂肪代谢过程。磷可促进草莓花芽分化和缩短花芽分化时间，提高坐果率和产量，能促进草莓对氮的吸收，使茎叶中淀粉和可溶性糖的含量增加。

草莓缺磷时，植株生长弱，发育缓慢，叶片变小，失去光泽而呈暗绿色，严重缺磷时下部叶片呈淡红色至紫色，叶片外缘会有紫褐色的斑点。磷易于再利用，因此缺磷时，症状常从下部较老叶片开始，逐渐向幼叶扩展。根部生长正常，但根量少，颜色较深。缺磷草莓的顶端生长受阻。磷可与多种微量元素发生拮抗作用，施磷过多时会造成微量元素缺乏症，如水溶性磷酸盐与土壤中的锌结合，影响锌的有效性，引起缺锌症。叶面喷施 0.1%～0.2% 的磷酸二氢钾 2～3 次，可缓解缺磷症状。

4. 缺钙

钙是植物细胞壁和细胞膜的结构物质，在保持细胞壁结构、维持细胞膜功能方面具有重要意义。草莓对钙的吸收量仅次于钾和氮，以果实中含钙量最高。钙可降低果实的呼吸作用，保持果实硬度，延缓果实采后成熟、衰老，增强果实的耐贮性，增强植株的抗逆性，保证根系正常生长，降低铜、铝的毒害作用。

幼果期、膨大期和转色期，用 0.5% 和 0.8% 的氯化钙溶液喷施，能够显著提高果实硬度，提高草莓贮藏性能和商品果率。钙在植物体内的移动性很小。缺钙时茎和根的生长点先表现出症状，凋萎甚至死亡。草莓缺钙植株的叶片皱缩，顶端不能充分展开，呈焦枯状。萼片尖端干枯。缺钙果实表面有密集的种子覆盖，果实组织变硬、味酸。缺钙严重时，花不能正常开放、结果。根尖生长受阻，根系停止生长，根毛不能形成。严重缺钙会造成植株早衰，不结实或少结实。缺钙果实不耐贮藏，品质易下降。

缺钙现象在草莓生产中较为常见。缺钙程度与管理措施有关，种苗叶片 3 片以下、温度超过 30℃、氮肥过量、水量较少等，都会加重草莓缺钙症的发生。水分供应失调，长时间不浇水或突然浇大水，土壤湿度变化剧烈，使草莓根系吸水受阻，若此时蒸腾量大，会导致草莓缺钙。小水勤浇可以预防缺钙，

草莓缺钙症状

在草莓生长期内喷施 0.1% 糖醇螯合钙或氨基酸钙 500 倍液，可以有效预防和减轻草莓缺钙症，有效提升成熟叶片的含钙量，同时提高草莓产量和品质，提高果实内维生素 C 含量。

5. 缺硼

草莓的生殖器官中硼的含量高于营养器官，以花中含量最高，比较集中地分布在花的子房、柱头。硼对草莓生殖器官的形成和发育有重要作用，可促进草莓花粉的萌发和花粉管伸长，减少花粉中糖的外渗。草莓缺硼，其生殖器官的形成受到影响，出现有花不孕，花粉母细胞不能进行四分体分化，从而导致花粉粒发育不正常。同时，硼与草莓受精坐果关系十分密切，缺硼还会影响草莓种子的形成和成熟，如草莓花粉干枯、有花坐不住果、果实小、畸形等，都是缺硼造成的。缺硼可导致草莓减产，严重时有可能绝收。此外，硼还能促进细胞伸长、细胞分裂、碳水化合物的运输和代谢，参与核酸和蛋白质的合成等。缺硼时，草莓根尖、茎尖的生长点停止生长。

草莓缺硼早期表现为幼龄叶片出现皱缩和焦叶，叶片边缘呈黄色，生长点受伤害，根短粗、色暗，随着缺硼加重，老叶的叶脉间失绿或叶片向上卷曲。缺硼植株的花瓣极小，授粉和结实率下降，果实畸形、果小、种子多、糖分下降、果品品质差，严重时造成草莓雌蕊严重退化，花器官枯死，根部变短粗，颜色变深。

施硼要注意施用量、施用浓度，施用过量、浓度过大，可造成肥害，表现为草莓干叶，长势受到抑制，硬果等，产量品质受到影响。缺硼土壤（土壤中含硼量低于 0.1 毫克/千克，即为缺硼土壤）及土壤干旱时易表现缺硼症。叶面喷施新型、易溶、吸收率高的硼肥，如有机螯合态、糖醇整合态的硼肥，可缓解缺硼症状。一般草莓花期或幼果期叶面喷施 0.1% 硼砂水溶液 2~3 次即可。注意叶片的正反面都要喷到。由于草莓对硼特别敏感，所以花期喷施浓度应适当降低。

6. 缺铁

铁主要存在于草莓叶绿体中，铁不是叶绿素的组成成分，但叶绿素的合成需要铁。在叶绿素合成时，铁可能是一种或多种酶的活化剂。缺铁时草莓叶绿体结构被破坏，导致叶绿素不能形成，严重缺铁时，叶绿体变小，甚至解体或液泡化。铁与草莓光合作用有密切关系。它不仅影响光合作用中的氧化还原系统，而且还参与光合磷酸化过程，直接参与二氧化碳的还原过程。铁在影响叶绿素合成的同时，还影响所有能捕获光能的器官，包括叶绿体、叶绿素蛋白复合物、类胡萝卜素等。此外，铁还参与草莓体内氧化还原反应和电子传递、呼吸作用等。缺铁影响叶绿素的合成，且铁在韧皮部的移动性很低，所以缺铁后草莓老叶中的铁很难再转移到新生的草莓幼叶中，新生的草莓幼叶易出现缺铁症，最初症状是幼叶黄化或失绿，随着黄化程度加重而变白；中度缺铁时，叶脉为绿色，叶脉间为黄白色，黄绿相间，相当明显；严重缺

草莓缺铁症状

铁时，新长出的小叶变白，叶片边缘坏死，或者小叶黄化，叶片边缘和叶脉间变褐坏死，叶片逐渐枯死。此外，缺铁草莓的根系积累苹果酸和柠檬酸等有机酸，使根系生长较弱，单果重下降，产量低，品质差。碱性土壤草莓易发生缺铁症。

为了满足草莓对铁的需求，必须适量补充铁元素。一般采取叶面喷施，选择新型、易溶、吸收率高的铁肥，如有机螯合态、糖醇螯合态的铁肥。喷施的时间最好选择在晴天，但要避开上午 10 时后到下午 4 时前这段温度最高的时段。叶面喷施 0.1%硫酸亚铁或 0.03%螯合铁水溶液，每 7~10 天 1 次，连续喷施 2~3 次，缺铁症状一般会改善。喷施浓度切记按照使用说明配制，浓度过高易导致肥害。

7. 缺镁

缺镁植株表现为老叶边缘黄化、变褐焦枯，叶脉间褪绿并出现暗褐色的斑点，部分斑点发展成坏死斑，形成黄白色污斑。新叶通常不表现症状。果实颜色淡、质地软、有白化现象。根量减少。叶面喷施 0.1%~0.2%的硫酸镁可使缺镁症状不再发展。

8. 盐害

草莓对盐离子非常敏感，灌溉水或土壤中盐分过高、排水不良、过度施用化肥（包括底肥）或肥料意外掉落在湿润的叶子上等都可能导致盐害。盐害能使叶片变脆，叶缘变褐、变干，老叶严重受损；根部死亡，植株矮小或死亡。受盐分胁迫的草莓对二斑叶螨的发生更敏感。在无明显症状的情况下就可能对产量造成严重损失。有时施肥方式不当造成的盐害在田间具有明显的特征。排水不良造成的盐分累积在田间可造成局部危害。

灌溉水中盐分过高则能使整个田块都受到危害。种植前，对土壤和灌溉水进行检测。盐分过高土壤，则可采取冲洗土壤的办法降低盐分含量，或改用其他方式如高架基质栽培方式进行种植；灌溉水盐分过高，则需要寻找新的灌溉水源。草莓种植需要有机质含量高、疏松、排灌方便的土壤，因此改善草莓园区的排水系统非常必要。如果需要在浅的黏土层种植草莓，翻整土地可改善排水状况。

9. 药害

由于手动小型喷雾器普遍存在滴漏液现象，再加上部分种植户保苗护

草莓药害叶片症状

草莓药害果实症状

熏蒸剂药害

果心切，经常出现超量用药现象；或者在不合适的温湿度条件下施药、生育期施药，都有可能导致出现药害。出现药害后，要依据药害的产生原因以及严重程度采取不同措施。

（1）冲刷残留 对因为土壤施药过量造成药害的，可灌水洗土，尽量排出全部或部分残留药物，减轻药害。浇足量水可使植物根系大量吸水，对作物体内的药液浓度起到一定的稀释作用，减轻药害；如药害较轻，仅在叶片上出现黑褐色斑点（多种农药混用导致）或粉色灼伤斑（杀螨剂药害），且没有伤害到生长点，早期可以采取在植株上喷施清水来缓解，以稀释和冲洗黏附于叶片上的农药，降低植株体内外的农药含量，此项措施应用越早、越及时，效果越好。

（2）喷施缓解药害的药物 对于除草剂和植物生长调节剂造成的药害，可喷施生物刺激剂（叶面型）、芸薹素内酯等，可有效缓解药害。同时配合加强水肥管理，适当增施氮磷钾肥或喷施叶面肥，提升植株健壮程度来抵抗药害，必要时可喷施20 000倍碧护或其他生长调节剂进行调节，促进植株恢复。如生长点受损，有条件的要及时补苗。

⚠ 用药注意事项

　　很多草莓种植户在防治病虫草害过程中，为了方便、节省人工和提高药效，经常会将几种农药混在一起施用。但如果盲目混用、乱用、滥用农药，不仅达不到想要的效果，还极易使草莓产生药害，增加用药成本，造成人畜伤亡等事故。因此，使用农药必须谨记以下几点：混合使用农药，农药种类不宜太多，一般不要超过3种，否则农药之间发生反应的可能性会大大增加，农药失效或产生药害的风险也就增加；农药混配后要尽快用完，混用农药要做到现配现用，尽量在较短的时间内用完，不要存放太长时间；喷药要均匀周到，不重喷，不漏喷；坚持轮换用药，延缓有害生物抗药性的产生。适时用药，可达到"药半功倍"的效果。在防治病害时，要在病原菌萌发时、病原菌孢子抗药性减弱时用药。在防治虫害时，提倡三龄前用药，因三龄前幼虫抗药力弱，防治效果较好。根据病、虫、草情及天敌数量调查和预测预报，及时用药防治；忌用井水、污水配药。井水中含有钙、镁等矿物质较多，与药液易起化学反应生成沉淀物，从而降低药效。而污水含杂质多，配药后喷洒时会堵塞喷头，同时还会破坏药液的稳定性。忌在风天、雨天和高温天气用药。刮风时喷药会使农药漂移，易造成不必要的药害和损失，雨天用药药液易被雨水冲刷降低药效，高温天气用药易发生药害。应尽量在晴天、无风或微风天用药。忌在花期、采摘前喷药。草莓在花期对药剂很敏感，此时喷药容易发生药害；作物收获前与喷洒农药之间应有一个安全间隔期，而安全间隔期的长短要因药剂的不同而异；忌随意加大用药量，以防造成草莓药害或影响防治效果；忌使用过期农药。

第7章

PART 7

极端天气应急管理技术

我国的设施草莓气象服务处于起步阶段，仅仅进行设施小气候监测和调控，精细化管理程度较低，完全自动化调控应用很少，缺乏设施草莓关键生育期极端天气下灾害性指标及监测管理依据。在生产中出现的连阴天或连续雾霾天、连阴天后骤晴、暴雪、大风寒流、低温阴雨等极端天气对草莓生长发育有显著影响。因此，生产上解决草莓极端天气下的生育障碍，对于提高红颜草莓产量和品质具有重要意义。

一、 连阴天或连续雾霾天

冬春季节常出现阴天天气，日照时数不超过 4～5 小时，且气温较低，如果连阴天持续多日，就会形成低温高湿的环境。红颜草莓对温度和光照较为敏感。气温、地温都较低的情况下，蒸腾会减弱，根系吸收能力随之下降，容易发生侵染性病害和生理性病害，导致草莓生长缓慢甚至停滞，表现为植株茎变细，叶色变浅，果实畸形、成熟期推迟等。

草莓花对弱光较为敏感，据研究表明，寡照持续 3 天可使草莓的开花数及开花率降低，开花的始盛点、高峰点、盛末点提前，且最大生长速率降低 5%～17%；寡照持续 7 天以上会使草莓坐果数及坐果率降低，且坐果及采收时间均表现出推迟的趋势，最终导致产量下降；寡照持续 10 天，草莓的株高、茎粗、叶柄长、叶面积及叶片数都会受到显著抑制。因此，草莓在连阴天或连续雾霾天时应采取适当增加光照、升温、降低湿度等管理措施。

1. 增强光照

(1) 使用补光灯　在阴天，持续低温、光照不足的条件下，也要卷起保温被，使草莓植株能接受更多的散射光。有条件的可增加人工辅助光照，能够有效增加产量，减少棚室草莓病害的发生。

草莓补光光源主要有四种类型，LED 灯、高压钠灯、荧光灯和日光灯。目前用 LED 灯和高压钠灯的较多。高压钠灯不仅能起到提高光照度的作用，还能提高设施内的空气温度，提升草莓果实品质，促进果实提前成熟，但耗电量相对较大。LED 灯光效高、寿命长，具有较好的补光效果，但增温效果较差，且成本较高。一般阴天环境下可以全天（12 小时）进行补光。

(2) 悬挂反光膜　悬挂反光膜可增加光照度，提高棚室内温度。利用镀铝降酯膜做反光膜，可增加光照度约 20%；提高棚室内气温 1℃ 左右，提高地温 2℃ 左右。

悬挂反光膜的时间大约是 11 月下旬到翌年 3 月，最长可持续到 4 月。

高压钠灯补光

LED灯补光

在日光温室的后墙从东往西拉铁丝进行固定，将膜挂在已经拉好的铁丝上面，让膜自然下垂，下部可使用胶带进行固定，避免被风吹起。有时为了提高白天墙体的吸热增温作用，将反光膜悬挂在棚室后屋面位置。

后墙悬挂反光膜

后墙悬挂反光膜＋补光灯

（3）覆盖保温被　保温被的选择应以经济适用为原则，目前日光温室内使用的保温被一般都会使用卷被机进行控制，因此要兼顾保温性能和卷被机的功率和型号。连续阴天的午间，在保证棚内温度的前提下，坚持卷起保温被，可根据温度和日出时间，调整卷放保温被的时间，增加植株对光照的适应能力，有利于增产。

在保温被外加一层塑料膜保温

2. 灌溉水管理

低温弱光情况下，棚室内土壤水分蒸发较慢，需水量相对减少，一般不进行浇水、施肥，以免降低地温，刺激根系，形成冷害、冻害。必要时浇水量可适当减少，可配合生根剂浇水，切忌大水浇灌。

3. 加温

连阴天情况下棚室多日无法接收太阳光辐射，储藏热量减少，夜间连续低温，容易发生冻害，如花期遇这种情况易造成果实畸形。可采取内覆塑料薄膜形成二道幕保温，或安装加热风机、暖气片等升温。如果草莓苗弱，最好在棚室内加双层膜，控制棚室内夜间温度在6℃以上。

棚室内空气源热泵加温   二道幕保温

4. 辅助授粉

草莓开花授粉质量对产量影响很大，遇连续阴天湿度大，花粉易发育不良，要做到及时通风换气，降低棚室内空气湿度；若花期湿度居高不下，可以采取人工或熊蜂辅助授粉，提高坐果率，减少畸形果，促进果实发育，改善果实品质。

（1）人工授粉　人工授粉时间选在上午 11～12 时花药开裂高峰期较好，用鸡毛掸子顺行在各花序上轻轻掸，也可在草莓开花期用扇子扇植株上的花朵进行辅助授粉。

（2）熊蜂授粉　熊蜂与蜜蜂相比，在棚室内温度低于 10℃ 的条件下，仍然可以飞行访花。蜜蜂低于 15℃ 则不出巢。熊蜂体型大，可以充分与草莓花接触，且拥有绒毛，非常适合收集、传递花粉。连续阴天可在棚室内放熊蜂帮助授粉，可提高坐果率 50%～70%，减少畸形果，改善果实品质。

5. 降湿

注意降低棚内湿度，根据棚内温度情况及时进行通风换气，如果温度下降过快，则要及时关闭通风口，以免温度过低形成冻害。连续阴天可在中午棚室内温度最高时间段通风 10～20 分钟。

可在棚内的行间铺设 20～25 厘米厚的稻壳或麦秸，不但可以吸收棚室内多余的水分，还可以在白天吸收热量，夜间释放热量。

二、连阴天后骤晴

1. 保温被管理

在持续多日阴天后骤然转晴，光照突然变强，棚室内气温骤升，土壤升温滞后，草莓植株水分蒸腾加快，而根系吸收水分的速度赶不上蒸腾速度，就会出现叶片萎蔫现象。此时切忌突然把保温被全部打开，要循序渐进，让草莓植株慢慢适应光照。可在早晨卷起一半保温被，并逐渐增加见光时间，中午光照强时要盖保温被至棚室腰间，等阳光变弱且叶片恢复伸张状态时再全部卷起保温被，如出现再次萎蔫时再盖保温被，反复几次，直到植株不再萎蔫为止。萎蔫较重时，可以向叶片喷清水，促进恢复正常状态。

2. 喷施叶面肥

在骤晴的第一天上午 9 时以前，下午 4 时以后喷施叶面肥补充营养，这时水分蒸发减弱，有利于作物吸收。叶片的正反面都要喷到，喷施均匀，可用磷酸二氢钾或其他专用叶面肥进行叶面追肥，快速有效补给养分。

3. 水肥管理

骤晴后每亩结合植株生长状态滴灌冲施水溶肥 2~6 千克，可加适量中微量元素。低温适当增施腐殖酸、黄腐酸、鱼蛋白或生物菌肥等有机肥料。

三、 暴雪天

1. 风口和保温被管理

一般可以在暴雪来临前将保温被卷起，风口封严，有条件的可以在棚内覆盖一层地膜保温。暴雪过后清除积雪再放下保温被，以免暴雪在温室保温被上堆积压塌温室，造成损失。

暴雪后放下保温被保温

白天要注意早卷保温被，增加棚室透光度和进光量，但要注意卷保温被不能一次性全卷，防止雪后转晴，光照过强造成草莓失水严重，造成萎蔫。

草莓花柱头遭受冻害变黑

2. 保温

（1）保温膜　暴雪天气防止积雪融化降低棚内温度，应做好棚室内的保温工作。在冷空气来临前将大棚周围加盖一层草帘或竖一层秸秆作为保护层，加盖高度50厘米左右，缓解冷空气的直接侵入，确保棚内温度。当外界夜间温度下降到0℃时，傍晚棚内加盖薄膜保温，次日当温度上升后揭开薄膜；当外界夜间温度下降到-5℃时，在加盖薄膜的基础上再内加小拱棚膜；白天晴天小拱棚膜和薄膜揭开，阴雨天气仅揭开小拱棚膜，薄膜仍然盖着；当冷空气过后，拆除小拱棚膜和揭开薄膜。同时注意及时清洗棚膜表面的灰尘。

冬季覆盖保温棚膜保温

（2）**暖气** 当外部温度降至 -5℃ 时，从东向西每 5 米安装 1 个高度为 1.5 米的暖气片。然后在设施关闭前将暖气开启，设施内部温度会升高 3~4℃。

（3）**设施加固** 为防止积雪压坏设施结构，要及时检查设施骨架，维修更换严重锈蚀的钢管或老化断裂的竹竿。抗雪压能力差的棚室，应及早加设立柱并加固整修。土墙日光温室后屋面要加盖薄膜，防止雪水下渗损伤墙体。

（4）**清雪** 暴雪后要及时清雪，暴雪时应安排人随时巡视设施大棚，必须及时清除保温被上的积雪，防止雪压坏棚膜和棚架。棚外积雪融化时，要及时清沟沥水，最好把棚外扫下来的积雪及棚墙旁的雪清除，以防雪融化渗进棚内带走热量和损坏棚墙。提前准备好人工清雪铲、清雪机等清雪工具、设备，以便及时清除积雪，增强棚体透光性。

四、大风寒流天气

1. 风口管理

如遇冬季大风寒流天气，要注意控制风口的大小。大风天气可以在上午将风口循序渐进地拉开 10~30 分钟进行换气，可先打开风口的 1/4，避免开口太大造成温度降低幅度过大对草莓生长造成不良影响。关风口也需注意逐步关闭，突然关闭会引起棚室内温度骤升。一般在下午 2 时以后不宜打开风口，预防夜间低温冻害。

2. 喷施叶面肥

在冷空气进入棚室之前，可喷施磷酸二氢钾和白糖的混合水溶液或防寒剂 1~2 次，增强植株抗寒能力。喷施钙素能有效地提升低气温下叶片净光合速率。

3. 加温

备好应急增温燃料块、电暖气、自动加热风机、空气加热线、电热鼓风炉、火炉等辅助加温物品，以便寒潮来袭时及时加温。

（1）**火炉** 在棚内点燃火炉，使热量通过管道，增温效果显著。不提倡棚室内使用火盆炭火直接升温，这样易对草莓、人和环境造成危害。推荐使用智能增温炉，可提前将增温炉均匀设置于棚室内，每亩设置 3~4 个。

（2）**保温槽** 温室外围的地下安装方形保温槽，槽宽 40~50 厘米，深 50 厘米，可用干秸秆充分填充（高度比地面高出 10 厘米）并压紧，然后在表面覆盖废旧薄膜，再加入 15~20 厘米厚的沙子，地温可以提高 3℃。

（3）应急增温燃料块 使用增温燃料块进行应急加热，可避免形成冻害，同时能增加设施内二氧化碳浓度。每亩可用增温燃料块 6～9 块，也可每 250～300 米³ 空间用 1 块。在夜里降温前 1～2 小时使用，分成 3～4 处点燃，每处 1～2 块，每块可燃烧 50 分钟左右。将燃烧块放置在设施走道位置，必须远离棚膜及其他易燃物品，以防火灾。将燃烧块放在筛网上，再放在两块立起的砖上，使燃烧块离地高度不低于 15cm。点燃后人员尽快撤出棚室，第二天加强通风。

（4）角落保温 冷风进入棚室前，可在东、西角落处堆放玉米秸秆，其厚度至少在 50 厘米以上。随后，将玉米秸秆用旧薄膜和绳索覆盖，以防止冷空气从空隙进入。

4. 设施加固

如遇大风天气，棚膜会随风鼓起，上下摔打，如不及时管理，棚膜就被吹破，使棚内草莓遭受冻害。因此，在大风天气来临前，要检查并加固压膜线，勒紧。必要时放下一部分保温被把棚膜压牢。如夜间遇刮大风，要把保温被压牢。

五、 雨天

雨天光照减少、湿度增大，草莓棚内灰霉病、白粉病等病害开始多发，使草莓果实成熟慢、转色差，根系活力低，作物的蒸腾拉力弱。迅速进入低温期对草莓开花授粉和生长发育不利，应提前预防病害的发生。

1. 增强光照

阴雨天气光照不足，应及时清理棚膜上的雾滴、灰尘，保证棚膜的透光性。有条件的地区要及时准备补光设备，必要时进行补光。

2. 排涝

（1）排除田间积水 淹水后草莓植株最先受损的是根系，淹水造成土壤透气性差，根系呼吸缺氧沤根，应及早排除积水。在棚室前挖一条深 50～100 厘米的隔离沟，大棚前沿要增设防水沟，在沟底铺设地膜，将膜上的蒸馏水排出棚外或扎孔渗入地下，沟内填保温材料如泡沫板，可阻断室外地下水向棚室内渗透，也可以防止棚室内热量向外扩散。

（2）排除棚膜积水 雨后棚室顶部棚膜有时会出现多个水包，及时用木棍等长型器具轻轻顶水包，使积水沿棚膜外流走，避免流到棚室内。

（3）降湿 当棚室内湿度过大时，可在行间铺设干草、麦秸、麦糠、玉米秸等农作物秸秆吸湿气。秸秆吸收湿气后会慢慢腐烂，不但可释放二

棚膜排积水　　　　　　　　　　棚前排水沟

氧化碳，而且还能生热，提高大棚内温度，农作物秸秆腐烂后还是有机肥，可培肥地力。

在阴雨天气，要打开通风口排出棚内湿气，切忌密闭棚室，导致棚内湿度增加，否则容易引起病原菌的滋生。一般选择中午 12 时左右打开小风口进行通风透气。也可使用除雾设备降低湿度。

（4）熏药　阴雨天尽量不用喷雾法施药，常规喷雾会增加棚室内湿度，容易产生病虫害，因此尽量采用熏烟的方法施药，可选用百菌清、腐霉利烟雾剂。

（5）植株整理　阴雨天棚内湿度增加，发病严重，特别是草莓成熟期遇阴

棚膜积水

天容易被病菌侵染，导致灰霉病等病菌发生。此时应加强植株管理，及时小心地将病叶、病花、病果、老叶及无用花序摘除，带棚室外妥善处理，增加植株间通风透光能力。

静电除雾除湿

六、高温天气

温度是影响植物生长发育的重要因素，草莓最适宜的生长温度为15～28℃，将略高于草莓生长发育适温上限的温度称为亚高温，亚高温对草莓光合作用有显著影响。苗期轻度（32℃持续2～11天）和中度高温（35℃持续2～8天）可使草莓开花期、坐果期和采摘期提前，而重度（38℃持续2～5天）和特重度（38℃持续8～11天和41℃持续2～11天）高温则会使草莓进入关键生育期的时间推迟。

1. 遮阳网

红颜草莓苗期在35℃以上需开启遮阳网遮阳，以此减少光照，降低温度，减少水分蒸发，保水保墒。一般草莓苗选择遮阳率在60%～70%的遮阳网即可。

外遮阳降温

2. 喷施降温涂料

可在棚膜上喷施利凉等降温涂料，在大棚表面形成均匀的白色反光涂层，将棚室内的直射光转为散射光，使光照变柔和，达到遮阳效果，有效降低强光对叶片的灼伤，防止草莓徒长。根据涂层厚度不同降温可达 3～12℃，遮阳率根据配比浓度不同可达 23%～80%。

喷施利凉棚室外侧

喷施利凉棚室内侧

喷施泥巴降温

3. 使用湿帘和风机

可在棚室两侧安装湿帘和风机配合使用，中间同时悬挂环流风机。环流风机风速控制在 0.5 米/秒，以叶片能够轻微晃动为佳，确保叶片上方空气的流动，便于通风、降温、排湿。

使用轴流风机及湿帘风机降温

REFERENCES
参考文献

荻原勋，2019. 图说草莓整形修剪与 2 月栽培管理［M］. 新锐园艺工作室，组译. 北京：中国农业出版社.

辜华伦，2015. 草莓新品种'红颜'的栽培技术［C］//草莓研究进展（Ⅳ）. 双流县农发局草莓办，2.

姜楠，2022. 红颜草莓特征特性及温室高产栽培技术分析［J］. 农业开发与装备（5）：217-219.

J. L. 麦斯，2012. 草莓病虫害概论［M］. 张云涛，等，译. 北京：中国农业出版社.

林琭，王红宁，肖建红，2020. 灌溉频率对基质栽培'红颜'草莓叶片光合特性、产量及品质的影响［J］. 中国果树（5）：81-86.

刘晓伟，张剑，欧勇，2023. "红颜"草莓穴盘苗在温室栽培中的应用效果［J］. 园艺与种苗，43（7）：31-32，35.

路河，周明源，王娅亚，等，2021. 棚室草莓高效栽培［M］. 北京：机械工业出版社.

骆文宾，雷伟伟，李墨行，等，2022. 北京昌平温室"红颜"草莓高效栽培技术［J］. 北方园艺（5）：146-148.

祝保英，崔改泵，2013. 日光温室红颜草莓优质高产栽培［J］. 中国农业信息（13）：85-86.

宗静，齐长红，祝宁，等，2018. 草莓生产精细管理十二个月［M］. 北京：中国农业出版社.